南四湖地区鸟类科学考察

赛道建　刘淑荣　张月侠 等　著

科学出版社

北京

内 容 简 介

  本书详细介绍了南四湖地区鸟类科学调查的基本情况,并结合对鸟类标本、照片、记录的梳理,厘清了本次调查的新记录种、亚种分类鉴定等信息;与之前历次调查相比,本次调查的鸟种数增加,其中有山东鸟类新记录40 种及亚种,国家级保护鸟类种数也明显增加。从生境类型、行政区对鸟类区系分布的影响、居留型与环境开发的关系等方面进行分析,探讨栖息地和鸟类的保护与南四湖经济可持续发展的关系。

  本书可供生物学、生态学、林学、保护生物学领域的科研人员和高等学校师生参考,也可供政府、企业和自然保护区专业人员,以及观鸟爱好者、鸟类摄影爱好者阅读。

图书在版编目(CIP)数据

南四湖地区鸟类科学考察/赛道建等著. —北京:科学出版社,2024.3
ISBN 978-7-03-078092-8

Ⅰ.①南… Ⅱ.①赛… Ⅲ.①南四湖–鸟类–科学考察 Ⅳ.①Q959.708

中国国家版本馆 CIP 数据核字(2024)第 043707 号

责任编辑:张会格 / 责任校对:何艳萍
责任印制:赵 博 / 封面设计:刘新新

科 学 出 版 社 出版
北京东黄城根北街 16 号
邮政编码:100717
http://www.sciencep.com

北京中科印刷有限公司印刷
科学出版社发行 各地新华书店经销
*
2024 年 3 月第 一 版 开本:889×1194 1/16
2025 年 3 月第二次印刷 印张:6 1/4
字数:203 000
定价:128.00 元
(如有印装质量问题,我社负责调换)

南四湖地区鸟类资源分布调查项目组

项目组织委员会

主 任

王海军　李遵英

副主任

刘显保　焦亚军　屈庆林　刘淑荣

委 员

卜宪富　戴瑞合　胡夫防　焦亚军　李　峰　李厚斌

李厚冰　李遵英　刘淑荣　刘显保　屈庆林　宋　军

孙晋伟　孙景耀　王海军　杨　勇　叶宗清　岳宪化

张运宏　周云兵　邹　永

野外工作组

组　长

刘显保　山东省微山县自然资源和规划局

赛道建　山东师范大学

组　员

张月侠　山东博物馆

王秀璞　济南工程职业技术学院

吕　艳　山东师范大学

王志明　山东师范大学

王清宇　山东师范大学

和苗苗　山东师范大学

刘淑荣　山东省微山县自然资源和规划局

孔令强　山东省微山县自然资源和规划局

满守民　山东省微山县自然资源和规划局

孙承凯　山东博物馆

苗秀莲　聊城大学

邢　杰　山东大学

赛　时　山东大学

蔡可营　中石化山东石油公司

张保元　济宁第一中学

《南四湖地区鸟类科学考察》著者名单

主要著者　赛道建　刘淑荣　张月侠

其他著者　孔令强　张保元　赛　时　邵　芳　吕　艳

　　　　　苗秀莲　孙承凯　王清宇　王秀璞　王延明

　　　　　邢　杰　徐　辉　周鲁飞

前　言

南四湖是我国十大淡水湖泊之一，位于黄河中下游地区，鲁中南山丘与鲁西平原接触带上；自南向北由微山湖、昭阳湖、独山湖和南阳湖相连而成，4个湖界限并不清晰。虽然南四湖的主体部分位于山东省济宁市的微山县境内，但湖周与济宁市的任城区、嘉祥县、鱼台县，枣庄市的滕州市，以及江苏省沛县等县（市）毗邻。南四湖与其东西两岸大小不同的53条入湖河道相通连，这些河流主要发源于山东省，少量发源于江苏省。南四湖流域跨山东、江苏、河南、安徽4省32县（市），著名而繁忙的京杭大运河纵贯其中。南四湖1982年经微山县政府批准被设立为山东微山县鸟类自然保护区；2003年经山东省政府批准被设立为南四湖省级自然保护区；2018年被国际湿地组织列为国际重要湿地。

1973年，南阳湖的北端修筑了一条堤坝公路，将南阳湖人工分离出一部分水面，水面与南四湖相通，形成了半自然状态湿地，始称"小北湖"。"小北湖"经改造后成为太白湖湿地公园的主体，公园还包含老运河湿地，这两者共同组成了济宁市任城区的重要生态湿地旅游区。2011年经国家林业局批复，微山县政府在微山湖西北部以薛河入湖口为核心修建了微山湖国家湿地公园，并于2013年正式开放，是亚洲最大的草甸型湖泊湿地公园，具有湿地保护、科普教育、水质净化、生态观光等功能。

太白湖湿地公园和微山湖国家湿地公园的保护修复与合理利用，为南四湖省级自然保护区进行湿地生态功能区的规划设计和试验研究提供了宝贵的经验，也为人与自然和谐相处、促进生态文明建设、保护好绿水青山，作出了值得借鉴的示范。

新中国成立以前，地方志虽有涉及南四湖鸟类，但难与现代鸟类分类学系统规范统一，故本书不进行比较分析。1955年，郑作新首次以现代鸟类分类方法进行了微山湖及其附近地区食蝗鸟类的初步调查研究。此后，山东及济宁有关单位和研究人员陆续展开了南四湖地区鸟类的调查研究。山东省济宁市第一中学的赵玉正老师等获得的南四湖鸟类标本，至今仍在该学校标本室基本保存完好，为学校乡土鸟类教学和南四湖鸟类保护研究提供了难得的实证。20世纪60年代，黄浙等（1960）调查了鸭科鸟类物种分布。80年代，根据国家林业部指示和山东省林业厅要求，为查清济宁市的鸟类资源，济宁市林木保护站制定了《济宁市鸟类资源普查实施方案》，并组织林业系统有关人员在全市开展为期两年的普查与专题调研工作，形成单位研究成果《济宁市鸟类调查研究》（济宁市林木保护站，1985），并做了汇总分析；同期相关各单位也开展了鸟类资源调查（济宁市科学技术委员会，1987）、越冬雁鸭数量调查（韩云池等，1985）、鸟类区系分布调查（纪加义，1987a，1987b，1987c，1987d，1988a，1988b，1988c，1988d）的专题调研。90年代，南四湖地区进行了鸟类的繁殖生活习性调查（侯端环，1990；田逢俊等，1991，1993a；王友振等，1997）、鸟类群落结构与生态调查（宋印刚等，1998；杨月伟等，1999）、湿地生态系统调查（田逢俊等，1993b）、水禽生态分布调查（闫理钦等，1999）。进入21世纪后，南四湖地区还进行过鸟类资源及其保护与开发调查（刘文，2011；李瑞胜等，2001；杨月伟，2001；张培玉，2000）、南四湖地区鸟类物种多样性的影响因素调查（李久恩，2012；杨月伟和李久恩，2012）、南四湖地区自然保护区与湿地公园生物多样性调查（国家林业局调查规划设计院等，2005；山东省林业监测规划院，2007，2011；微山县林业局，2012）。

近年来，随着经济社会的快速发展，各类工厂、道路建设，以及房地产、旅游开发和水产养殖等产业的兴起，致使当地的自然景观大幅度改变，南四湖及周边生态环境发生了巨大变化。动物资源与生态环境的变化是相辅相成的，且鸟类是生态环境变化的重要指示物种，伴随着南四湖地区湿地生态环境的变化，种类繁多、数量巨大的鸟类群落结构也发生了改变，如何对南四湖鸟类多样性进行科学考察、评估，已经成为人们关注的有关生态环境与鸟类生物多样性保护的重要课题。

因此，南四湖地区鸟类区系及生物多样性分布现状急需进行全面而系统的调查研究。首先，需要对研究资料进行全面系统地整理，根据新分类系统（郑光美，2017）对南四湖地区有记录物种（郑作新，1987，2000；郑光美，2011）的分类地位进行厘清，研究物种在新、旧分类系统中的关系，如旧分类系统的鹌鹑普通亚种 *Coturnix coturnix japonica*（郑作新，1976，2002）、日本鹌鹑 *Coturnix japonica*（赵正阶，2001；郑光美，2011）在新分类系统中被改为鹌鹑 *Coturnix japonica*（郑光美，2017），而旧分类系统的鹌鹑指名亚种 *Coturnix coturnix coturnix*（郑作新，1976，2002）、鹌鹑 *Coturnix coturnix*（赵正阶，2001；郑光美，2011）在新分类系统中被改为西鹌鹑 *Coturnix coturnix*；其次，确定实证记录是新记录种，还是亚种提升为种，修订鸟类区系分布以及种及种下分类的陈旧之处，从专业角度厘清种、亚种的分类地位，如东方白鹳 *Ciconia boyciana*（郑光美，2017）是由白鹳东北亚种 *Ciconia ciconia boyciana*（郑作新，1976，1987）提升为种的，而不应将其在山东分布记录为白鹳。这样的厘清有助于推动专业研究与科普教育的有机结合，以便进行系统性、周期性的科学调查。专业调研与群众性的观鸟、拍鸟活动相结合，有计划地进行连续性监测，这将有助于科研人员了解、掌握南四湖地区鸟类生物资源的变化过程与变化强度，探讨分析引起鸟类群落演替和生态环境变化的原因及其解决对策，有效解决这些问题，将促进南四湖自然保护区的保护工作与湖区经济协调发展。

为此，2015 年 12 月，在微山县林业局的领导下，成立了以刘显保和赛道建为组长的南四湖地区鸟类资源分布调查野外工作组，进行为期 3 年的南四湖地区鸟类野外调查；同时，收集有关调查以及观鸟和鸟类摄影爱好者提供的照片，作为本次调研鸟类区系分布结果的有力补充。通过专业调查与大众观测有机结合的方法，获得了大量实证性数据，为南四湖鸟类的深入研究提供坚实的基础。在此基础上，参考多年来的调查成果和 10 多年来的观鸟、拍鸟记录，继《南四湖地区鸟类图鉴》（赛道建等，2020）后，完成了《南四湖地区鸟类科学考察》，为南四湖地区湿地保护与合理利用以及鸟类研究提供第一手研究资料。

本书是以实地调查为基础，以标注了物种分布时间、地点的标本与照片为实证，结合文献资料编写而成的。本书与《南四湖地区鸟类图鉴》，共同保证了此次调研的科学性、时效性与科普性，用标本、照片、文献记录等保证鸟类物种分布的真实性，方便大众观鸟与专业调研比较参考，可提升鸟类观测记录数据的质量。

本书获南四湖地区鸟类资源分布调查项目的资助，并受生态环境部生物多样性保护专项在野外调查中的支持。在南四湖地区鸟类野外调查中，对调研工作给予大力支持的领导，提供帮助的各界人士，特别是提供鸟种照片记录的观鸟和鸟类摄影爱好者，在此特以《南四湖地区鸟类图鉴》和《南四湖地区鸟类科学考察》作为汇报，并表示衷心感谢！

由于作者水平和文献资料收集有限，照片征集工作可能不够广泛、深入，导致某些信息不够翔实，书中不足之处在所难免，敬请读者批评指正。

赛道建

2019 年 1 月于泉城

目　录

1 南四湖地区鸟类资源调查概述

1.1 南四湖地区自然环境概况

南四湖南北长约 126 km、东西宽 5～25 km；地理坐标北纬 34°27′～35°20′，东经 116°34′～117°24′，位于山东省西南部，黄河中下游、鲁中南山地丘陵与鲁西平原接触带上。南四湖为南阳湖、独山湖、昭阳湖和微山湖 4 个自北向南相互贯通湖泊的总称，被 1960 年建成的"二级坝"分成水位不同的上级湖和下级湖；是华北地区最大的内陆湖泊，也是我国十大淡水湖泊之一。

据有关水文资料介绍（孙玉刚，2015），南四湖属淮河流域泗水系湿地类型，主要有河流湿地、湖泊湿地两类，包括永久性河流、季节性河流、永久性湖泊三型；湖河交融，总面积约 119 281.47 hm²；其中湖泊湿地 44 551.18 hm²，河流湿地 1112.16 hm²，以及大面积人工湿地和沼泽湿地。南四湖湿地区约占济宁市湿地总面积的 77.87%。南四湖地区湖泊水量、水位变化较大，丰水期与枯水期的湖泊容水量可相差许多倍，如 2017 年雨水较大，湖面水位比 2016 年上升 1 m 左右。南四湖地区属暖温带大陆性气候，四季分明，冷热、干湿季节明显，年平均气温 13.2～14.1℃，年降水量 650～820 mm，年日照时数 2360～2690 h，无霜期 200～205 天。

南四湖湖底平坦，大部分湖区水深 0.5～1 m，为淤泥底质，属浅水沼泽性湖泊，光照条件好，适宜多种水生动植物生长繁殖。湖区内水生动植物资源丰富，吸引成千上万的鸟类在此取食、栖息、繁衍，是众多候鸟的越冬地、繁殖区，以及某些鸟类迁徙必经的"中转站"。南四湖地区不仅拥有多种国家级、省级保护鸟类，而且种类多、数量大（赛道建等，2020），其中雁鸭类的种类和数量均位居山东省内水库、内陆湖泊的首位，位居全国前列，有研究报道 33 种鸭雁类的数量可达 35 万只（冯质鲁等，1996）。南四湖生态环境及鸟类生物多样性具有极高的保护价值、科研价值、生态价值，以及巨大的经济价值。

1994 年，微山湖湿地被列入《国家重点保护湿地名录》；2000 年，《中国湿地保护行动计划》启动，南四湖被列入《中国重要湿地名录》（国家林业局等，2000）；2003 年，由山东省人民政府批准建立南四湖省级自然保护区，主体位于微山县境内。南阳湖北端人工修筑堤坝公路分离出一部分水面，始称"小北湖"，2013 年经升级改造后更名为"太白湖"，成为济宁市任城区的重要生态旅游湿地风景区。

1986 年，由山东省环保所牵头，济宁市环保监测站、山东师范大学等多家单位参与完成的"六五"计划重点科研项目"南四湖水体污染及综合防治对策研究"（孙启爽，1986）。该项目对湖区污染状况的评价是：水质受有机污染，汞、铬检出率高，沿河有化工厂、造纸厂的河流水质污染严重，成为向湖内的排污口，每天可向湖内排放污水 109.3 万 t。污染使湖区渔业繁盛的生产景象不再，生物资源出现大幅衰退。山东省地质环境监测总站 2000 年 2～3 月对南四湖水面的监测结果显示，下级湖水质达到地表 IV 类水标准，上级湖水质大部分超过地表 V 类水标准；环境污染不仅影响水生生物的生存，也对湖区居民的身体健康造成危害。

近年来，济宁市坚持"治、保、用"并举，开展南四湖湿地保护与修复工程，治理排污企业，实行退田还湖、退耕还湿，恢复自然湿地 7700 hm²，在滨湖湿地种植芦苇、菱、莲、芡实和马蹄等 64 hm²，实施人工湿地水质净化，成效显著（孙玉刚，2015）。有关资料显示，2005 年 3 月开始，微山县新薛河入湖口的人工湿地水质净化工程，在植物茂盛期的化学需氧量去除率为 35%～60%，氨氮去除率为 30%～65%。

南四湖作为南水北调工程的重要的调蓄地，水质安全至关重要，同时，作为鲁西南的重要鸟类栖息地，水环境也直接影响鸟类的生态分布与演替。由于水环境条件的变化，虽然有当地新记录鸟类的发现，但常见鸟类的种类、数量却有所减少。鸟类作为湿地生态环境变化的指示物种，其群落结构与变化能很好地反映环境改观的程度。因此，对南四湖地区鸟类进行一次全面系统的调查，获得具有时效性的真实数据，将为今后开展南四湖省级自然保护区湿地鸟类生物多样性监测和自然保护工作奠定科学基础！

1.2 南四湖地区鸟类研究概况

南四湖地区鸟类虽然在济宁一些地方史志中有相关的不完全记录，但正式而系统的鸟类调查研究是在新中国成立以后才有的。

1.2.1 研究历史

20 世纪 50 年代开始，有了专门对南四湖鸟类的调查研究。郑作新（1955）对微山湖的食蝗鸟类进行了初步的调查研究。黄浙等（1960）对山东省南四湖鸭科鸟类进行了调查。1985 年，济宁市林木保护站根据《济宁市鸟类调查研究》的要求，开展了为期两年的济宁鸟类普查和专项调查工作，调查区域主要在南四湖。调查中采集鸟类标本 800 件，鉴定出 215 种（含亚种），含留鸟 27 种、夏候鸟 47 种、冬候鸟 19 种、旅鸟 98 种，其中国家重点保护野生动物有大天鹅 Cygnus cygnus、鸳鸯 Aix galericulata、大鸨 Otis tarda、普通𫛭 Buteo japonicus、红隼 Falco tinnunculus、白尾鹞 Circus cyaneus、白头鹞 Circus aeruginosus、纵纹腹小鸮 Athene noctua、长耳鸮 Asio otus、红角鸮 Otus sunia（济宁市林木保护站，1985）。还有其他专家学者在南四湖进行了雁形目鸟类越冬数量的调查（韩云池等，1985）、鸟类区系调查（纪加义和柏玉昆，1985a，1985b，1985c，1985d），以及在济宁发现了山东省鸟类新记录（纪加义等，1986）。到 20 世纪 90 年代，有学者对南四湖地区鸟类进行了更详细的调查研究，如普通燕鸻 Glareola maldivarum 繁殖习性的调查（侯端环，1990）、大杜鹃 Cuculus canorus 与山鹡鸰 Dendronanthus indicus 生态习性和湿地生态方面的调查（田逢俊等，1991，1993a，1993b）、越冬雁鸭类数量的调查（冯质鲁等，1996）、池鹭 Ardeola bacchus 生态习性的调查（王友振等，1997）、湿地鸟类群落生态的调查（宋印刚等，1998）和湿地生态与水禽分布的调查（闫理钦等，1999）。进入 21 世纪后，随着鸟类调查的深入，大家更注重环境和鸟类分布的关系研究，进行了鸟类资源特点及其保护利用、对策的调查研究（张培玉，2000；李瑞胜等，2001；杨月伟，2001）。2010 年后，还有学者调查了鹭类的巢位生境选择与微山湖鸟类群落多样性特征及其影响因子（李久恩，2012；李久恩和杨月伟，2012；杨月伟和李久恩，2012）。

此外，文献研究内容涉及南四湖地区鸟类调查研究的有：《中国鸟类分布名录》（郑作新，1976）、《中国鸟类区系纲要》（郑作新，1987）、《中国鸟类分类与分布名录》（郑光美，2011，2017）、《华东鸟类物种和亚种分类名录与分布》（朱曦等，2008）、《山东省鸟类调查名录》（纪加义等，1987a，1987b，1987c，1987d，1988a，1988b，1988c，1988d）、《山东鸟类分布名录》（赛道建和孙玉刚，2013）、《山东水鸟区系分布的初步研究》（张月侠等，2015）、《山东省鸟类物种丰富度的地理格局及其与环境因子的关系》（刘路平，2017）、《山东鸟类志》（赛道建，2017）等。

上述著作、文章，研究内容主要涉及鸟类的区系分布、食性、常见鸟种繁殖习性以及资源的开发利用与物种保护等方面。此外，近年来，在自然保护区和湿地公园的规划、建设过程中，相关单位也进行了鸟类调查研究，但很少涉及鸟类生物多样性监测与环境变化关系。

1.2.2 调研概况

对南四湖地区鸟类的研究，近 30 年来，虽有少量文章，但一直未有全面系统地调查研究，也未对南四湖，特别是省级保护区内的鸟类生物多样性进行连续而有效的监测性研究。

2003 年，南四湖省级自然保护区成立时，山东省林业监测规划院编制了《山东济宁南四湖省级自然保护区综合科学考察报告》。之后直到 2015 年，由于高学术水平研究的团队人员的短缺、具体的科学监测规划与实施的不到位，导致监测性鸟类研究资料和数据积累的不足，在管理方面基本处于日常事务性管理状态。

随着人类经济社会的快速发展，公路、房地产、太阳能等项目建设，以及旅游、水产养殖等产业的兴起和快速开发，部分自然景观已经大幅度改观，南四湖及周边地区的生态环境也发生了巨大的变化。生态环境与动物资源，二者是相辅相成且不断变化的，鸟类是生态环境变化的指示性物种，南四湖鸟类群落结构的变化情况如何，已经成为人们关注的有关生态环境与鸟类生物多样性保护的重要课题。

加强系统地周期性资源调查有助于了解生物资源的变化过程与结果，加强随时随地的连续性监测有助于了解和掌握生物资源变化的程度与强度，探讨分析引起变化的原因及其解决对策，因此，南四湖地区急需进行全面系统的鸟类区系及生物多样性分布现状调查研究，促进南四湖自然保护区的保护工作与湖区经济协调发展。

为此，2015 年 12 月，在微山县林业局的组织领导下，成立了南四湖地区鸟类资源分布调查项目组，由赛道建负责本次调查的计划制订、实施细则与分工，于 2016～2018 年开展了为期 3 年的南四湖地区鸟类调查工作。

现将本次调查的结果总结成书，以期为南四湖地区的社会经济开发与生物多样性保护、生态环境保护，以及南四湖省级自然保护区建设中进行鸟类生物多样性实时监测与保护评估奠定良好的基础。

2 调查方案

在收集南四湖地区已有鸟类调查资料的基础上，分析留鸟、候鸟分布特点，制定调查方案。调查内容主要涉及南四湖地区的鸟类种类、数量、分布现状、栖息环境与生态分布规律。根据实地调查结果，结合文献资料，分析南四湖地区鸟类分布与生态环境的关系，为南四湖的生物多样性保护与合理利用提供基础数据。

2.1 调查方案制定

2.1.1 调查目标的确定

南四湖地区鸟类调查的目标，是在实地调查的基础上，结合有时间、地点的鸟类物种照片、标本，摸清南四湖野生鸟类资源分布现状，形成调查结果。依据调查结果对比相关资料完成南四湖鸟类现状分析和生态环境改变对鸟类群落结构影响的分析，为南四湖地区，特别是南四湖自然保护区开展鸟类生物多样性监测，探讨鸟类群落结构变化与生态环境关系，结合当地经济发展特点，对生境资源和鸟类多样性保护提出科学的意见和建议，促进保护区建设、鸟类保护与湖区经济发展和谐并行。

2.1.2 调查范围与生境类型划分

南四湖地区鸟类调查的范围包括湖区及其周边地区，分属于山东生态功能区划的鲁西平原农业-林业-畜牧和湖东平原农业-林业-渔业 2 个生态亚区（赛道建，2017）。考虑到鸟类的活动范围，重点调查以下区域：山东微山县境内南四湖湖区、鲁山丘陵山地等，济宁市的任城区和鱼台县，枣庄市的滕州市，以及江苏徐州市的沛县等平原地区。济宁市其他地区则参考有关资料和征集观鸟和鸟类摄影爱好者的照片，以便真实地反映南四湖地区鸟类的区系分布的本底状况。

为方便本次调查进行，根据实地情况，在湖边林地、湖边浅滩、湖边水田藕塘、湖边沼泽杂草湿地、河口湿地和湖面水域、丘陵山地等调查区域内选择主要的生境，按平原区、水域区、湿地沼泽区和林地区、农田区、丘陵区、居住区等划分生境类型（孙玉刚，2015），其中居住区分为城市化程度较高的城镇和自然程度较高的乡村 2 种基本类型。

2.2 调查仪器设备

根据监测调查的需要，项目组自备多种调查仪器设备。

高清数码相机及超长焦镜头，用于调查时对观察到的鸟类进行拍照，以便对遇见鸟类进行准确的物种鉴定。"用大家都能见到的照片证据"确定调查到鸟类分布的时间、地点，作为系统调查的本底数据，便于进行鸟类物种生态分布及其变化的深入研究，为定期、不定期南四湖鸟类普查和监测奠定真实的数据基础。

单筒和双筒望远镜数台，用于野外遇见鸟类的观察识别、数量计数，双筒望远镜主要用于样线法调查时近距离观测，单筒望远镜用于冬季阔水面区域长距离水鸟观测。

GPS 定位仪及相关软件，用于调查地点、样线的起点和终点与样区观测点的定位，以及鸟类物种分布地点的确认；"两步路户外助手"软件进行导航，记录调查行进的轨迹以便本次调查所选择的样线能够重复进行监测与较全面的环境调查，为以后鸟类生物多样性的调查与监测，保证样线调查具有可重复性奠定基础。

除上述调查设备，还利用无人机对越冬水鸟进行远距离遥控观察与拍摄。

2.3　调查方法

历史上，南四湖地区鸟类调查曾采用标本采集的方法，如20世纪50年代、80年代的调查，采集了许多标本，为现代鸟类调查奠定了物证基础。这些标本主要保存在济宁一中和济宁市林木保护站标本室。《山东鸟类志》（赛道建，2017）已经收录的本次调查不再重复收录。还有散落、丢失的一些标本，无法查证相关信息；群众性观鸟活动拍到的个别珍贵鸟类照片未能及时征集收入本次调查成果，这些都成为信息时代鸟类区系分布研究中的遗憾。

南四湖地区鸟类调查，采取实地调查和当地鸟类照片征集相结合的方式，实地调查利用相机、望远镜等各种观测设备，每次调查2人或3人为一组，多则6人或7人相互配合，依据生境类型采用不同的方法进行，主要调查方法有以下几种。

陆地样线调查法：驱车到达能行进的生境类型，采用常用鸟类调查的样线法，按每小时行进1.5 km左右的速度，观察记录两侧约100 m内遇见的鸟类种类和数量，并尽可能地对初次遇见的鸟类拍照，作为鸟种数量计数的观察依据。

水路样线调查法：在沼泽杂草湿地或较大面积水域等无法行走的环境中，利用小船穿行在杂草丛间，观察记录遇见鸟的种类和数量，同时对观察到的鸟类进行拍照。

水域样区调查法：在比较开阔水域，或者在岸边选择适宜观察的地点，或者乘船到水面，将水面分成不同的"小区"，观察计数能够观察辨认到的鸟的种类和数量。大面积水面中心难以直接观察辨认的鸟类，则施行无人机"航拍"，通过无人机拍摄的照片辨认鸟的种类、数量。

野外调查的同时，除项目组成员拍摄的照片作为鸟类分布的实证外，还通过组织鸟类摄影比赛征集广大摄影爱好者拍摄的鸟类照片，补充专业调查在时间、地点等广度和连续性方面的不足。由于不同时期、文献采用的分类系统不同，种和亚种的分类地位也有所不同，获得观察数据和鸟类分布的实证照片，便于鸟类物种的鉴定及分布情况的确定。

在信息时代的今天，保护鸟类与自然生态环境已经成为全民的共识，随着人民生活水平提高，群众性观鸟、拍鸟活动成为越来越多公众的业余爱好，拍到的照片不仅包含了传统标本采集要求的所有信息，还包含一定量的环境信息，因而是鸟类区系分布信息的重要载体、物证。因此，征集群众性鸟类摄影照片成为本次调查的重要补充。

本次调查以实际调查为基础，文献资料记录做指导，走访调查为辅助，并广泛征集近年来在南四湖不同县（市、区）、不同时间拍摄到的鸟类照片。

2.4　调查时间

根据鸟类活动的基本规律，为系统而全面地调查清楚鸟类分布现状，项目组进行连续3年的系统调查。具体的时间安排是3月、4月、8月、9月春秋季调查迁徙过境鸟类；12月、1月冬季调查越冬鸟类；5月、6月繁殖季节调查繁殖鸟类；同时调查留鸟，每次调查约10天。全区域每年除繁殖鸟类和越冬鸟类的调查时间相对固定外，其他调查月份每月至少安排1次，重点调查区域，如微山湖国家湿地公园、太白湖湿地公园、高楼乡湿地等，每次调查都进行，以便获得详尽数据探讨鸟类的年活动规律，其他区域根据鸟类活动分布规律选择性调查，但保证一年内至少调查两次。

3 鸟类栖息地的基本类型

南四湖及周边地区生态类型多样，湖区由 4 个湖泊水体贯通相连，京杭大运河纵贯其中，周边有多条大小不同的河流入湖，湖岸的农田、山林交错，形成了以生物多样性保护、洪水调蓄等维持生态平衡为主要功能的生态功能区，其景观类型的变化会直接影响鸟类的群落结构与生态分布。

在鸟类生物多样性监测、调查过程中，同时调查环境改观情况，依据山东湿地划分标准（孙玉刚，2015），对调查生境基于生态功能进行分类，通过对鸟类群落分布与生境类型关系进行分析，探讨适合当地环境条件的鸟类保护措施。

3.1 河流及水域

南四湖与鲁、豫、苏、皖 4 省 32 县（市）53 条河流相连，汇集流域总面积达 3.17 万 km^2 的来水，湖面水域区的水位随不同年份的降水量多少而有一定变化，枯水期与丰水期的水位相差高达 1 m 左右；京杭大运河从湖中穿过，湖区人口密集，人类活动频繁，其中有的部分，如运河区，靠近湖东堤、湖西堤的部分湖面已经成为人类活动干扰较大的人工湿地类型。

3.1.1 湖中心禁渔保护区

南四湖作为山东省重要的淡水渔业基地，为切实保护好湖区淡水渔业资源，近年来，建立了不同类型的自然保护区和湿地公园，并在部分湖区设置禁渔区，如微山湖禁渔保护区和独山湖禁渔保护区 2 个"核心保护区"，核心保护区内实施常年禁渔措施（图 3.1）。

图 3.1 南四湖禁渔水域区环境概况

由于禁渔保护区水面人为干扰少，水位适宜，生物多样性丰富，为各种类型鸟类，特别是中、大型水生鸟类提供了良好的栖息与觅食环境。这类湖区鸟类的调查主要是进行冬季水鸟与繁殖鸟类的调查，如红嘴鸥 *Chroicocephalus ridibundus*、灰翅浮鸥 *Chlidonias hybrida* 等多种鸥类、雁鸭类和鹭类等，以及国家 II 级重点保护野生动物——震旦鸦雀 *Paradoxornis heudei* 和鹗 *Pandion haliaetus*。

3.1.2 航道运营区

繁忙的京杭大运河和承担着湖内及周边村庄交通功能的河道纵横交错（图 3.2），宽窄不同的各种航道内有众多不同类型的船只穿行。航道运营区水域水体浑浊，临岸偶有少量挺水植物，如芦苇、荷等，河岸多为杨树、柳树等落叶乔木，航道上来往船只多、人类活动量大，对鸟类的栖息、觅食活动造成很大影响。

图 3.2   南四湖京杭大运河航道繁忙的交通状况

由于鸟类的栖息环境受到人类活动的严重干扰，航道区少见大、中型鸟类栖息活动，岸边林地可见灰椋鸟 *Spodiopsar cineraceus*、白鹡鸰 *Motacilla alba*、白头鹎 *Pycnonotus sinensis*、山斑鸠 *Streptopelia orientalis* 等栖息活动，飞翔穿越航道极少停栖的沼泽地鸟类主要有东方大苇莺 *Acrocephalus orientalis*、震旦鸦雀，以及鸥类和鹭类等。

3.1.3　捕鱼养殖区

从新中国成立初期到 20 世纪 80 年代，生产力水平不高，开发力度不大，南四湖的捕鱼养殖区并无明确规划，如 1988 年独山湖仍有较大面积的沼泽湿地。鸭雁类是这时期的重要产业经济鸟类，冬闲时，湖区养鱼人常捕猎水鸟，每次下湖归来都收获颇丰，一些地方还保留着"鸭锅"的习俗，越冬水鸟的食品加工生意也是比较兴旺的。

进入 20 世纪 90 年代以后，伴随现代养殖技术的发展，大面积的沼泽草地被开发利用，如独山湖岸边的大量沼泽草地被开发成水产养殖区、林地；浅水区域代之以水产养殖区和捕鱼区。人类的养殖活动侵占了鸟类的栖息环境，过度开发致使养殖区已经很难看到鸟类栖息、营巢繁殖的场景。

本次调查时，捕鱼养殖区主要活动着一些食鱼鸟类，如红嘴鸥、灰翅浮鸥等鸥类和多种成群活动的鹭类（图 3.3）。

3.1.4　调查的主要河流、河口

在南四湖的入湖河流中，以永久性河流为主，有少量是季节性河流。在枯水期由于河内水流速度下降，部分河道在入湖口处泥沙沉积形成小型沙洲和泥滩。河漫滩及沙洲周边水域分布有芦苇等挺水植物，河岸主

图 3.3　南四湖水面捕鱼、养殖区概况

要为杨树、柳树等片断化的单一性植物群落。本次调查主要集中在河流下游及入湖河口河段。

3.1.4.1　东岸调查的主要河流

洸府河[*①]　淮河流域南四湖支流，发源于泰安市宁阳县城东北的泉头山，流经泰安市宁阳县和济宁市兖州区、市中区、任城区，于微山县入南四湖，河道呈北南走向（山东省地方史志编纂委员会，2015）。洸府河是流经济宁市城区最长、最宽的河流，在入南四湖河口，济宁市政府模仿自然湿地景观，种植树木和水生植物，建立入湖口人工湿地。适宜的生态环境吸引了大量水禽及其他鸟类在此繁衍栖息。本次主要调查区域是任城区—东石佛—南阳湖农场河口一带。

泗河[*]　发源于泰安市新泰市的太平顶山西麓，与济宁市微山县鲁桥镇与京杭大运河连通（山东省地方史志编纂委员会，2015）。主要调查区域是泗河特大桥附近至河口一带。

白马河[*]　发源于邹城市的北黄山白马泉，经汇入多条支流后河道水面逐渐宽阔，为国家五级内河航运河道，主要用于煤炭运输，于微山县鲁桥镇九孔村入独山湖（山东省地方史志编纂委员会，2015）。主要调查区域是鲁桥镇入湖河口一带。

滕州界河[*]　发源于邹城市的香城镇普阳山，又称滕州岗头河、小龙河，于红荷湿地省级地质公园处入独山湖（山东省地方史志编纂委员会，2015）。主要调查区域是河口段及红荷湿地省级地质公园附近地带。

北沙河[*]　发源于邹城市的张庄黄山，于王晃村北进入微山县，至留庄镇后留庄村西北入独山湖（山东省地方史志编纂委员会，2015）。主要调查区域是留庄镇至马口村一带。

城郭河[*]　发源于临沂市平邑县的岳山与羊角山间的界河沟，于留庄镇入湖（山东省地方史志编纂委员会，2015）。主要调查区域是城郭河桥—河口附近的马口村一带。

老运河　即古运河河道遗留部分。主要调查区域位于微山县城夏镇郊区至入湖湖口段，以及任城区的太白湖湿地区内的古运河段这两部分。

新薛河[*]　1957～1958年春，自薛沙河官庄以下人工开挖新薛河；1993年，微山县水利局编报《新薛河治理工程设计》，1993年10月开工，1994年3月竣工，治理范围：自滕州市、微山县边界至爱湖码头，2011年12月，由国家林业局正式批准，在新薛河入湖口附近建立微山湖国家湿地公园。公园的规划设计、施工基本完成，已经投入运营阶段。微山湖国家湿地公园是本次重点调查的区域之一。

蒋集河[*]　发源于枣庄市薛城区，与老运河交汇，在微山县蒋集村南入微山湖（山东省地方史志编纂委员会，2015）。河内鱼虾丰富，大面积芦苇丛生，湿地资源丰富主要调查区域是蒋集河桥上部—河口一带。

蟠龙河[*]　蟠龙河有三条支流。薛河从滕州市官庄东至夏庄皇殿村开挖支流入蟠龙河，从官庄村东截流入新薛河，留有薛河故道。蟠龙河南支发源于张范乡南于村东南山地入蟠龙河。蟠龙河北支，又称曲水河，发源于邹坞镇西尚庄山地曲水泉，水流至庄头村东汇入蟠龙河（山东省地方史志编纂委员会，2015）。蟠龙河横穿薛城区北部，进入微山湖，干流具有天然优越的湿地形成条件。蟠龙河湿地公园水域广阔，水源丰富，集河流湿地、人工湿地和城市湿地于一体的湿地自然景观与历史悠久的古薛文化相结合，形成具有一定的典型性和独特性的区位优势。2011年，经国家林业局批准，正式晋升为蟠龙河国家湿地公园。调查区域从枣庄院山段、蟠龙河湿地公园至河口一带。

---

①　*为重点调查区域，项目组成员采用样线法调查鸟类的种类、数量。

3.1.4.2　南四湖西岸调查的主要河流

复新河[*]　为苏鲁两省的界河，发源于安徽省砀山县废黄河堤北，流经江苏省丰县至山东省鱼台县西姚村南入昭阳湖（山东省地方史志编纂委员会，2015）。主要调查区域为鱼台县入湖河口段。

东鱼河[*]　发源于菏泽市的东明县刘楼村，流经菏泽市的曹县、定陶区、成武县、单县等县区及济宁市金乡县，于鱼台县城东部的西姚村入昭阳湖（山东省地方史志编纂委员会，2015）。主要调查区域为鱼台县城区至入湖河口段。

万福河[*]　发源自菏泽市南渠河，于济宁市鱼台县吴坑村入南阳湖（山东省地方史志编纂委员会，2015），调查区域为梁岗村至入湖河口段。

洙赵新河[*]　1965～1972年人工开挖的大型排水河道，汇集洙水河、赵王河两河的上游来水，全长145 km。西起泰安市东明县北部菜园集乡的宋寨村，向东流经菏泽市牡丹区北部、郓城县南部、巨野县北部和嘉祥县南部等地区，最后于济宁市的市中区喻屯镇侯楼村汇入南阳湖（山东省地方史志编纂委员会，2015）。本次调查区域为纸坊至侯楼入湖河口一带。

北大溜河　自金乡县关帝庙村起，向东北流至济宁市任城区后王楼村东南入南阳湖（山东省地方史志编纂委员会，2015）。本次主要调查区域为河口附近。

洙水河　发源于菏泽市定陶区西佃户屯东北，流经菏泽市定陶区、巨野县，济宁市嘉祥县，至济宁市王贵屯东入南阳湖（山东省地方史志编纂委员会，2015）。本次主要调查区域为河口区。

龙拱河[*]　为穿越济宁市市辖区的一条河流，是安居街道界河，在唐口街道的陈河口村后折向正东流入南阳湖（山东省地方史志编纂委员会，2015）。本次主要调查区域为河口区。

除上述重点调查河流外，对山东境内的十字河、幸福河、尹家河、鹿口河、姚楼河、西支河、惠河、新万福河等河流的河口区域；以及从江苏省入湖的东大沟、高皇沟、郑集河、代海河、八段河、五段河等河流也进行了调查。

3.2　沼泽湿地区

南四湖地区的沼泽湿地根据其植被类型、成因和生态功能划分为以下几种基本类型。

3.2.1　沼泽湿地草本生境

沼泽湿地草本生境根据植被种类的分布情况，可分为3种：杂草湿地（图3.4）、芦苇湿地（图3.5）、池塘湿地（图3.6），总面积约2033 km²。湖区周边草本沼泽湿地可分为湖西区、湖东区两部分，多为芦苇湿地和池塘湿地，如高楼芦苇湿地、湖边芦苇湿地、入湖河口附近芦苇湿地，以及微山湖生态荷园、太白湖湿地公园和红荷湿地公园等的荷花池塘湿地。

图3.4　湖周河滩沼泽杂草湿地

图 3.5　湖岸杂草湿地和湖心岛周边滩地芦苇湿地

图 3.6　湖区莲藕池塘湿地

芦苇湿地和池塘湿地，如藕塘，具有水浅、季节性明显的特点，春夏季植被生长茂盛，为众多湿地鸟类提供了栖息繁殖场所，秋冬季枯黄一片，成为越冬水鸟的重要隐藏取暖栖息地。这类区域由于面积较大，植物种类单一、植株生长密实，人类深入其中活动难度大，除芦苇收割和莲藕采收季节外，受人为影响较小，为众多鸟类的繁衍生息提供了良好的栖息环境。本次调查主要从周边及可通行水道进行。

沼泽湿地草本生境的类型多样，面积大小不同且呈斑块状分布，为水鸟和依水生活鸟类提供了良好的营巢、隐蔽和藏匿、觅食活动环境，是一些中小型雀形目鸟类和大中型鸟类理想的栖息生活区域，如鸭雁类，以及鹮、水雉 *Hydrophasianus chirurgus*、黑水鸡 *Gallinula chloropus*、白骨顶 *Fulica atra*、大白鹭 *Ardea alba*、白鹭 *Egretta garzetta*、东方大苇莺、震旦鸦雀常选择这类生境栖息或繁殖，构成以水鸟为主体栖息繁殖的沼泽湿地鸟类群。

3.2.2　沼泽湿地林地生境

湖区内及周边林地多呈长条状、片段化分布，树种多为杨树林、柳树林或园艺苗木繁育圃，林区内树木品种单一，树木稠密（图 3.7）。茂密的树冠远离地面，降低了人为干扰和被陆生天敌捕杀的概率，为各种水鸟和森林鸟类提供营巢、繁殖活动环境。

图 3.7　南四湖不同沼泽湿地林地生境

南四湖湿地林地是水鸟和森林鸟类的重要栖息、觅食及繁殖生境。主要栖息活动的鸟类有白鹭、夜鹭

Nycticorax nycticorax、池鹭 *Ardeola bacchus* 等鹭类，还有喜鹊 *Pica pica*、灰椋鸟、大山雀 *Parus cinereus* 等中小型雀形目鸟类，以及山斑鸠、珠颈斑鸠 *Streptopelia chinensis* 等鸽形目鸟类。

3.2.3 煤矿塌陷区生境

煤矿塌陷区是南四湖周边一种特殊的生境类型，如鹿洼、欢城、时旺、南阳湖农场、兴隆庄等煤矿塌陷区，因煤炭开采程度的巨大差异而致地表塌陷程度不同，各个塌陷区水深、水域面积也不同，形成不同类型的"人工湖"，最深处可达 3m 左右。塌陷区分为塌陷区域和周边未塌陷区域。一般情况是周边未塌陷区域保持原有生境类型，如农田、树林等，塌陷区域浅水区生长芦苇、荷花等挺水植物，深水区则无植物明显生长。有的塌陷区保留了自然的风貌未被开发，有的被在深水区开发为网箱养鱼区，还有的被改建为湿地公园。

塌陷区栖息着不同数量的鹭类、鸥类、䴙䴘类、秧鸡类等鸟类，形成了以水鸟为主的沼泽湿地鸟类群，塌陷区为这些鸟类提供栖息觅食场所，甚至成为珍稀种类的栖息地，如在兖州、任城、邹城三地交界处的太平塌陷区湿地、任城区的太白湖湿地公园等地都发现了极危物种——青头潜鸭 *Aythya baeri*，观鸟爱好者还在其他塌陷区发现了南四湖地区及山东省新记录种——棉凫 *Nettapus coromandelianus*（赛道建等，2020）。

3.2.4 重要湿地公园

湿地公园既是本次鸟类生物多样性调查、监测的重要生境类型，又是研究探讨人类利用与生态环境平衡发展的重要实验区，其鸟类和其他生物的多样性调查结果，将为南四湖自然保护区的保护与周边经济的协调发展提供有益借鉴。

湿地公园主要为沼泽湿地，规划建设了芦苇荡、荷花区、人工岛、林地、鸟类保护观赏区和公园区等不同功能区，具有统筹生态保护修复与游览观赏的功能。公园内在人为干扰少的鸟类保护观赏区栖息着鹭类、鸥类、䴙䴘类、鸭类、秧鸡类等以水鸟为主的沼泽湿地鸟类群，在林地、草地区游客活动量大的区域则栖息着林鸟和伴人鸟类（本文指喜欢在城市或乡镇环境与人类相伴而栖息活动的鸟类），如各种斑鸠、伯劳和家燕 *Hirundo rustica*、乌鸫 *Turdus mandarinus*、黑卷尾 *Dicrurus macrocercus*、白头鹎等。

3.2.4.1 微山湖国家湿地公园

微山湖国家湿地公园由国家林业局于 2011 年正式批准进行试点规划与建设，2016 年通过验收。与开阔水面的禁渔保护区水体不同，园区主要由成片的树丛、灌丛和草丛，以及水体连通的水塘、水沟、池塘组成，景观造型错落有致（图 3.8）。公园内虽然游人较多，但无采集、捕鱼活动，恬静多样的自然环境为水鸟、林鸟等不同习性的鸟类提供了良好的栖息、繁殖和捕食的安全庇护空间。

图 3.8 微山湖国家湿地公园

公园树林区由高大的杨树组成，呈片状、长条状分布，为白鹭 *Egretta garzetta*、夜鹭 *Nycticorax nycticorax*、池鹭 *Ardeola bacchus* 等提供了集中营巢繁殖场所；芦苇沼泽地和沟渠为斑嘴鸭 *Anas zonorhyncha* 等鸭类，水雉等䴙䴘类，黑水鸡、白骨顶 *Fulica atra* 等秧鸡类，以及中小型雀形目鸟类提供良好栖息繁殖和隐蔽觅食环境。

成片的芦竹 *Arundo donax* 则构成良好的避风、保温、隐蔽环境，为大量的夜鹭提供越冬及过夜场所，如 2015 年 12 月有上千只夜鹭在倒伏的"芦竹墙"上栖息越冬（图 3.9），此后，因芦竹被清理，游人增多，本次调查期间未再见此现象。由此可见，生境类型和其中的微生境均对鸟类的生态分布产生重要影响，在湿地公园建设过程中，需要按不同的生境类型保护、创造适宜不同鸟类栖息的微生境。

图 3.9　越冬的夜鹭
a. 在芦竹丛中栖息；b. 惊飞后集聚到就近树冠

3.2.4.2　红荷湿地省级地质公园

红荷湿地省级地质公园位于南四湖东岸、枣庄市的滕州市境内，总面积约 90 km²，湖域面积 60 km²，有长 55 km 的湖岸线、12 万亩（1 亩≈666.7 m²）的野生红荷、30 km² 的芦苇荡。

红荷湿地省级地质公园景观类型丰富，拥有湖泊景观、沼泽湿地景观等省级地质遗迹点，可溶岩地貌景观等市县级地质遗迹点，以及野生红荷、芦苇荡和临湖及水上森林等丰富的自然资源。其中的荷花湿地保存规模大、完整性好，是枣庄市以微山湖荷花为主题，较早开发、打造的地质公园生态旅游地。

多样的生境为多种水鸟和林鸟等在此栖息、繁殖与觅食活动提供了良好的环境；在不同季节，栖息着鹭类、秧鸡类、鸥类、雁鸭类、鹬类等水鸟和林鸟，对维持湖岸生态平衡发挥着重要的作用。

3.2.4.3　太白湖湿地公园

太白湖湿地公园（图 3.10）是人工从南阳湖北端分离出的一部分水面，其是与南四湖相通的半自然状态湿地，园区包含部分老运河湿地（图 3.10a）、大小不同的湖心无人岛（图 3.10b、c），以及湖面和沟渠水域、芦苇沼泽、荷塘沼泽（图 3.10d）、林地、草地等。太白湖湿地公园是济宁市任城区的重要生态湿地旅游区，是人与鸟类和谐相处的示范区，为湿地合理利用与自然保护作出了示范，也为南四湖省级自然保护区进行湿地生态功能设计、试验研究提供了有益借鉴。

图 3.10　太白湖湿地公园
a. 老运河湿地；b, c. 湖心岛上栖息的鹭类；d. 藕塘

湖心岛几乎是零人为干扰，岛上以柳树、杨树等乔木形成林地，林下灌木层密实，为各种鹭类、鸭类、鸥类提供了栖息繁殖的理想生境，也是其他鸟类活动觅食的重要场所。

3.3 湖周平原区

南四湖四周除鲁山等丘陵外,主要是广袤的平原农田,湖周平原区对湖区及周边地区的鸟类分布具有重要影响,主要栖息着林鸟、农田鸟类群。

3.3.1 平原农田林网

南四湖周边平坦的平原农田林网生境,其中林木多为高大杨树,呈线状分布于田边、路边和沟渠边。农田中河流、水渠众多,浇灌便利,田中随季节的不同种植各种农作物,冬季种植小麦,夏季主要种植水稻、玉米。农作物物种相对单一,人类经济活动多,干扰较重,生境结构简单,鸟的种类、数量多以季节性伴人鸟类和林鸟为主。

农田可分为旱田和水田两种基本类型。旱田随季节变化种植有小麦、玉米、棉花等农作物,为农田栖息鸟类提供活动与觅食环境。常见鸟类有各种斑鸠、麻雀 *Passer montanus*、家燕、金腰燕 *Cecropis daurica*、白头鹎、喜鹊 *Pica pica* 等。

水田主要是水稻田和藕田水塘生境。春季藕田在莲藕初生长期为浅水区,藕田视野开阔,水鸟食物充足,间隔杨树防风林,人为活动少且活动具较强规律性。良好的湿地生态环境为迁徙过境的鸻鹬类,提供了良好的可短暂停留的活动与觅食环境,每年春季鸟类迁徙季节,水田都会吸引大量鸻鹬类、鹭类等涉禽鸟类。春、夏季节,藕田水塘、水稻田等水体中生活着大量的鱼虾等小型动物,为繁殖期涉禽,如白鹭 *Egretta garzetta*、夜鹭 *Nycticorax nycticorax*、池鹭和苍鹭 *Ardea cinerea* 等提供丰富的食物资源。水稻、莲藕及芦苇等水生植物为黑水鸡等秧鸡类水鸟隐藏、营巢提供了有利条件。

3.3.2 平原农田林地

在平原农田林地分布着两种基本类型的林地:一种是人工种植的高大树木形成的防风、防护林带;另一种是人工培育的幼林经济林。前者特点是高大树木组成带状、片状相连的林地,后者种植稠密,植株相对矮小,呈斑块状分布。

平原农田林地多为落叶阔叶林,面积不太大,主要为喜鹊、白头鹎、伯劳类、斑鸠类、鹭类等鸟类提供良好的栖息、筑巢繁殖生境。

3.3.3 鱼种场

鱼种场是微山县较早建立的种鱼繁育基地,为南四湖水产养殖业的发展做了重要贡献。鱼种场繁养区人工养殖的鱼类为多种鸥类、鹭类等水鸟提供了丰富的食物资源,优越的觅食环境,吸引了鹭类、鸻鹬类、小型雀形目类和猛禽类等鸟类,这些鸟类常成群在鱼种场周边草地和林带栖息活动(图3.11)。

图 3.11 鱼种场的鹭类

3.4 湖东丘陵地区

3.4.1 丘陵农田

南四湖湖东丘陵农田是以鲁山、尼山、峄山等为主的丘陵山地农田生境，因山体地势低矮，农田多由小块地分散组成，呈缓坡或梯田状，主要农作物为小麦、玉米、大豆、花生等，农田周围分布有低矮灌丛。

丘陵农田栖息的鸟类有斑鸠类、燕子、麻雀、白头鹎、喜鹊、灰喜鹊 *Cyanopica cyanus*、乌鸫等组成的农田鸟类群，其种类组成与数量随季节不同而变化，特别是食谷鸟类，如麻雀、斑鸠的数量季节性变化明显。

3.4.2 丘陵林地

南四湖湖东丘陵林地调查的主要区域，由鲁山林场及周边小山丘的山丘林地组成，丘陵中上部为以侧柏为主要建群种的针叶林，山脚为以杨树等为主的落叶阔叶林，偶有针阔混交林。林地树种单一，林下路边偶见灌丛。林场实行半封闭式管理，进入林场的多为护林员及周边村镇的种植人员（图 3.12）。

图 3.12　丘陵林地鸟类生境调查

丘陵常绿针叶林地由于树木种类单一，林下灌丛、草丛不发达，林地生境结构简单，植被种类少、丰度低，在该生境栖息繁殖的鸟种类、数量都不多，该生境可以见到数量较少的迁徙鸟类和林鸟。鸟类多"越境"而过，停留时间短，影响观察统计，常驻调查、监测可以发现许多鸟类活动规律，但本次调查未能长时间驻地进行连续性地监测、调查，因而影响了旅鸟在此类生境的遇见率。

3.5 居　民　区

城镇、村落为人类居住活动区域，建筑物多，植被少，人类活动强度大。这类生境对鸟类的正常栖息和各种活动干扰严重，分布于该区域的鸟类多对人类活动影响耐受度较高或其觅食、繁殖等行为依赖于该生境。居民区主要栖息的是伴人鸟类，占优势鸟种为山斑鸠、麻雀、喜鹊、家燕、金腰燕、乌鸫等，形成适应居民区环境的伴人鸟类群。

3.5.1 城镇区

南四湖周边毗邻的大型城区生境主要调查济宁市的任城区、微山县、鱼台县、嘉祥县等县城城区，中小型城镇主要调查欢城镇、两城镇、张黄镇等乡镇驻地。城镇区楼房林立，除道路两侧行道树、面积有限的公园绿地外（包括花草、灌丛及树木），整体绿化率较低；城镇区人类活动强度最大，生境自然度较低，景观异质性较差，对鸟类的生态分布影响较大。

城镇区鸟类的生态分布多间接或直接受人为因素以及城市规划设计绿地类型、面积的影响，与绿化程度、林分结构和人类活动的干扰程度密切相关。城镇中的各类公园、园林绿地虽有大量人群活动，但有高大乔木、灌木等绿化环境，倘若有护城河沟及景观水域等条件，也会有白头鹎、喜鹊、灰喜鹊、乌鸫、麻雀等城镇区鸟类活动与繁殖栖息。

3.5.2　村落区

村落区指湖区内外各种类型的村庄，如微山岛、南阳岛上的湖区村庄，以及下刘庄村、小卜湾村、爱湖村、蒋集村、高楼村、渭河村等湖边村庄。村庄不仅面积大小不一，而且分布不均匀，多位于交通干道或河流的两侧，村庄内部及周边多种植乔木，如杨树、柳树、槐树等，生态环境的自然度较高。

湖区内村落区周边生境多为开阔水域、河沟、沼泽地或农田，房屋与树林、田地、沼泽湿地及水域的结合，形成了复杂多样的景观，为多种鸟类提供了理想的栖息生境，村落区既有伴人鸟，又有林鸟、水鸟分布，鸟类物种组成呈现明显的季节性变化。

4 南四湖地区鸟类生物多样性调查

4.1 调查方案实施

南四湖地区鸟类资源分布调查采用实地野外调查、标本查证、照片征集与文献资料检索等方法并行，以便获得真实有效的第一手资料，用于鸟类生态分布与群落结构变化的分析与探讨。

4.1.1 实地调查

根据季节和调查生境类型的不同，野外实地调查采用鸟类调查常用的样线法、样点法、样区法（样方法）等方法进行。

湖泊周边及湖内岛屿可步行地区以及湖内浅滩可乘船地区多采用样线法调查。调查样线的长度 1～5 km 不等，依环境及样线路况而定，宽度约 200 m，步行观测样线左右 100 m 范围内鸟的种类和数量。调查采用直接计数法记录，以观察到鸟类、听到鸟类鸣声计数鸟的种类与数量，同时采用高清数码相机进行拍照，以拍到的照片最终判定鸟类物种及不同亚种。

在南四湖开阔水域进行鸟类调查时（图 4.1），多采用水域样区调查法乘船到达调查水域净水区。该方法根据调查水域面积大小调查样区布置有所不同：面积小的水域以岸边视野开阔处为调查样区，设立多点使调查范围覆盖整个调查水域；面积大的水域先对调查水域进行分区，再对每个分区设立多点观察记录。河道芦苇、莲藕区采用水路样线法调查；开阔水域沿岸区和其他地区则乘车到达岸边，再根据生境类型进行定点分区调查。

图 4.1 南四湖开阔水域样区法鸟类调查

为获得更多的研究资料，在以上述方法实地调查的基础上，南四湖地区鸟类资源分布调查项目组结合走访（图 4.2）和查阅已有资料等方法进行调查，同时，通过观鸟活动、鸟类摄影竞赛，广泛征集广大鸟类摄影爱好者拍摄的当地照片，并用"摄影者、时间、地点和鸟名"4 项信息命名照片文件保存，尽量广泛吸收观鸟和鸟类摄影爱好者的照片成果作为实地调查重要物证的组成部分，以补充项目组实际调查的不足。

利用 GPS 记录观测样点、样线坐标定位，用"两步路户外助手"软件记录样线行进轨迹，保证了调查期间鸟类监测样线、样点的可重复性。调查后，确定数条较固定且易操作的调查样线、样点，为湿地鸟类群落结构变化与环境改观相关性的再监测奠定基础，记录到的鸟类真实本底资料作为探讨当地鸟类活动规律与群落演替的依据。

由于现代鸟类野外调查无法像过去调查那样随意采集标本，本次调查在查证已有标本记录的基础上，利用高倍望远镜观察，计数鸟的种类及数量的同时，采用高清数码相机拍摄观测到的鸟类，结合征集到的

图 4.2　野外工作期间进行走访调查

鸟类照片，用带有"拍摄者、时间、地点和鸟名"等信息的照片确证鸟类物种的存在及其时效性。以照片的数量对鸟类分布现状进行评估，这种大众都能"眼见为实"的效果、结果，避免因经验、专业水平和辨识能力的差异对鸟类观察产生影响，保证了鸟类物种分布调查的真实性、时效性。

结合南四湖整体生境类型种类，冬季鸟类调查采用样线、样区法，主要选择以下几种类型的区域。旅游功能区域，如微山湖国家湿地公园、太白湖湿地公园等；湖区大水面区域，如微山湖、独山湖和昭阳湖的鱼类养殖区、捕鱼区、禁渔区等；芦苇荷塘湿地区域，如高楼乡湿地、爱湖码头芦苇区、芦苇荷塘、河道等。在各区域根据生境类型和地形选择适宜观察的地点，宽阔水面以样区法分区计数的方式，其他生境以样线法，对水鸟种类、数量进行调查，其他鸟类则在行进过程中，进行调查统计。

其他季节鸟类调查采用样线法，多次重复调查的样线为：微山湖国家湿地公园芦苇荡沼泽和灌丛树林2条样线，薛河杨树林和附近农田1条样线，鱼种厂育种区1条样线，高楼乡和爱湖村的芦苇荡区、村庄、农田林地各1条样线，独山湖养殖区、林地、村庄各1条样线，太白湖湿地公园游览区和湿地区2条样线，南阳岛和微山岛村庄、农田、林地各3条样线，昭阳湖西南芦苇荡、农田、林地3条样线，鲁山林地、农田样线2条，下刘庄林地、村庄2条样线，二级坝沼泽草地、林地2条样线，马口村的村庄、河流、沼泽草地3条样线，梁岗村藕塘林网1条样线，吴村农田林网、藕塘养殖区2条样线等。

本次调查除重点调查微山湖国家湿地公园、太白湖湿地公园、微山湖和独山湖的禁渔区外，湖周边能乘车到达的河口附近也都尽量深入调查。用样线法、样区分区计数法，观察记录鸟类的种类和数量，记录南四湖及附近地区的鸟类资源与分布的现状，并与有关资料进行比较，总结分析当地鸟类群落变化的情况。

4.1.2　鸟类标本、照片调查

历史上，常通过采集鸟类标本以确证物种区系分布的实际情况；当前，在绿水青山就是金山银山的理念下，更需要加强鸟类保护，因而本次调查不采集标本以确证其分布。鸟类活动具有隐秘性、瞬间出现消失等特点，仅依靠本次调查中的观察记录并不能全面反映鸟类分布实际情况，即使是具有观察经验的专业人员在野外调查中也存在着一定的不确定性，甚至产生误差。鸟类照片作为物种识别鉴定、区系分布的实物证据，与标本具有同等重要的物证价值，可与鸟类野外调查共同印证鸟类物种的存在与分布实际情况，具有时间、地点信息的鸟类照片，既做到"白纸黑字"，又能让专家和阅读人员做到"眼见为实"，甚至以此评价真实生态价值。

本次调查照片，除调查人员利用高清照相机进行实时观察记录与拍摄外，还通过不同征集方式，获得南四湖分布鸟类照片作为鸟类区系分布的实证。随着人们经济、文化生活水平的提高，有更多的人投入到观鸟、拍鸟活动，以及鸟类保护和生态环境保护的行动中来，提高了鸟类调查的广度和深度。在信息时代的今天，大众性观鸟和鸟类摄影爱好者提供的照片可有效补充实地专业调查鸟类遇见率不足的实际情况。大众拍到的鸟类照片，只要有摄影者、时间、地点和鸟名 4 项信息，这些照片就不仅具有摄影的艺术价值，还具有研究鸟类区系分布和群落演替的生态学价值，并且鸟类栖息的环境信息也能从影像资料中找到，为重新深入评估鸟类群落组成、分布与生存环境的关系提供影像资料支撑。

因此，项目组在野外调查为基础的同时，利用观鸟活动和摄影竞赛、网络平台，广泛征集当地广大观鸟、摄影爱好者拍摄的照片，作为鸟类分布的有效实证。所有照片文件一律由提供人按"拍摄者 时间 地点-鸟名" 4 项命名，如"张月侠 20151231 微山县-南阳岛-喜鹊"，也可附上当地俗名。鸟类摄影爱好者按照南四湖鸟类摄影大赛章程《微山县 2016 年爱鸟周鸟类摄影展作品征稿通知》的要求，提交照片到摄影大赛组委会参加评审，这类照片经项目组审核后作为本次调查实证的有力补充。为方便鸟类照片数据的加工与统计分析，不同方式征集的照片主要是 2018 年 10 月前拍摄的，项目组成员拍摄的珍稀濒危物种照片截至 2018 年底，而当地新记录鸟种的照片包括南四湖及山东省的新记录种则延期至 2019 年 5 月。例如，棉凫 *Nettapus coromandelianus*（图 4.3）是当地举办鸟类摄影比赛期间，由参赛者宋旭和李苞拍摄到照片与录像记录的。

图 4.3 棉凫
宋旭和李苞 20190511 拍摄于兖州市兴隆庄街道采煤塌陷区

4.1.3 有关资料收集、查阅

20 世纪 80 年代，济宁市林业局林木保护站组织有关人员，按照《济宁市鸟类资源普查实施方案》，经过 2 年多实地普查与野外专项调查，共采集到鸟类标本 800 余件，鉴定 201 种；1985 年 10 月，由济宁市林木保护站编制的《济宁市鸟类调查研究》对该次调查进行详细的总结。《济宁市鸟类名录》收录鸟类 17 目 44 科 215 种（含亚种），其中微山县记录有 213 种，南四湖记录有 126 种、南阳湖记录有 18 种、微山湖记录有 10 种。《山东济宁南四湖省级自然保护区综合科学考察报告》中"南四湖自然保护区动物名录"收录鸟类 205 种，名录中实际记录为 190 种（含亚种），隶属于 12 目 32 科 87 属（山东省林业监测规划院，2003）。2005 年 8 月，国家林业局调查规划设计院、山东省济宁市林业局、济宁市南四湖自然保护区管理局完成了《山东南四湖省级自然保护区总体规划》，其中"附件 3 保护区动植物名录"收录保护区鸟类 205 种。2011 年 5 月，山东省林业监测规划院所做《山东微山湖国家湿地公园总体规划》中记载微山湖国家湿地公园有鸟类 183 种（名录实际记录 182 种）。2012 年 4～9 月，微山县林业局按照"山东省第二次湿地资源调查细则"要求，完成了《微山县湿地资源普查报告》，其中记载了山东省南四湖省级自然保护区鸟类 211 种（水鸟 81 种），包括黑翅长脚鹬 *Himantopus himantopus*、灰翅浮鸥、普通燕鸥 *Sterna hirundo*、震旦鸦雀、棕背伯劳 *Lanius schach*、黑翅鸢 *Elanus caeruleus* 6 种新记录，但该报告中的鸟类名录部分实际记录鸟类 143 种。

上述内部资料虽未公开正式发表，但作为不同历史时期，有资质单位对南四湖鸟类调研的重要成果，在缺乏鸟类历史研究文献的情况下，这些资质单位的"本底资源调查报告"作为本次调查的参考资料，用于鸟类群落组成变化的比较分析，有助于探讨生态环境变迁与鸟类群落演替变化关系的比较研究。

正式发表的文献《山东省鸟类区系名录》（纪加义和柏玉昆，1985a，1985b，1985c，1985d）和《山东省鸟类调查名录》（纪加义等，1987a，1987b，1987c，1987d，1988a，1988b，1988c，1988d），由于没有明确标明济宁、南四湖地方鸟类的记录，故将该文献中"鲁西南湖区"分布的鸟类244种视作当地的分布情况；《山东鸟类分布名录》收录鸟类444种（含亚种）中，济宁有244种，其中分布于微山县的有183种，明确分布于南四湖的有126种，分布于除微山县外其他县（市、区）的有87种（赛道建和孙玉刚，2013）；《山东鸟类志》收录了南四湖地区的鸟类，与本次调查有同步记录的情况，故不单独进行统计说明，直接纳入本次调查的统计（赛道建，2017）。

4.2 南四湖地区鸟类生物多样性调查结果

2015年12月～2018年12月，经过连续三年系统的实地调查、走访，尽可能多地查阅文献和相关资料，利用现代信息技术广泛征集观鸟和鸟类摄影爱好者在南四湖地区拍摄到的鸟类照片，对调查数据进行整理、分析，形成南四湖地区鸟类多样性调查结果。

4.2.1 鸟类分布的调查结果

南四湖地区鸟类不同时期分布情况见表4.1，各种鸟类的详细分布参见《南四湖地区鸟类图鉴》（赛道建等，2020）。

历史记录和本次调查的鸟类，表4.1参照《中国鸟类分类与分布名录》（第三版）（郑光美，2017）的分类系统对种及亚种重新进行了厘清，将同种异名规范到新的与国际分类系统接轨的分类地位（赛道建等，2020），有助于促进群众性观鸟爱鸟活动与专业性鸟类调查有机结合，拓展实际调查的广度、深度，有助于南四湖鸟类生物多样性科学监测工作的开展，提升大众生态环境意识，促进经济社会发展与自然环境保护和谐共同发展。

本次调查截止时间为2019年5月，依据山东鸟类区系分布的情况，本书和《南四湖地区鸟类图鉴》（赛道建等，2020）共收录南四湖分布鸟类294种25亚种，隶属于20目66科159属（表4.1）。所收录的鸟类，为调查到和通过各种资料收集到信息的种类，调查到的种类中除调查现场记录到的物种，还有查验到标本和有照片物证的鸟种；查验到标本但没有照片的鸟种，如石鸡 *Alectoris chukar*、中华鹧鸪 *Francolinus pintadeanus*、鹌鹑 *Coturnix japonica*、小田鸡 *Zapornia pusilla*、董鸡 *Gallicrex cinerea* 等；也有有标本记录但未能查验到标本的鸟类，如黑海番鸭 *Melanitta americana*、黑鹳 *Ciconia nigra* 等。调查到的已有资料没有记录的种类，包括实地调查与当地观鸟和鸟类摄影爱好者拍摄到的鸟类，依据照片记录，都被认定为南四湖地区鸟类分布的新记录。

4.2.2 不同时期的南四湖鸟类调查

南四湖地区鸟类分布记录的分析有助于探讨不同调查与鸟类生物多样性监测及环境变化相关性，评估不同调查方法对鸟类监测结果的影响，以期不断改进、完善调查方法，采用更科学的方法为南四湖生态环境的系统保护、建设与合理开发提供真实而有益的数据，以促进湖区的经济开发与自然环境保护和谐发展。为方便分析南四湖鸟类调查的历史与现状，以及群落结构物种动态分布的实际情况，表4.2列出了有关资质单位与文献不同时期关于南四湖鸟类的分布记录，分析表明，不同时期的调查结果与文献记录存在明显差异。

本次调查与以往南四湖地区鸟类分布相比（表4.3），在国家级、省级、中日协定保护鸟类、居留型、区系分布等方面的种数都有不同程度的增加，其中区系以古北界物种、居留型以旅鸟占优势的基本态势没有明显变化，主要是因为调查的鸟种及亚种增加的结果。

表 4.1 南四湖地区鸟类分布情况

物种	调查结果			记录资料								记录文献						区系	居留型	类型与保护					
	调查到	有记录	新记录	济宁站	总规划	保护区	公园总局	微林局	滕滨鸟	多样性	南图鉴	山鸟志	南名录	生态学	山名录	鸟名录	分类录			IUCN	国家级	省级	CITES	中日	中澳
石鸡 Alectoris chukar	+	+		+	+	+	+	+	+	+	+	+	+	+	+	+		古	留	LC	III	省			
中华鹧鸪 Francolinus pintadeanus	+	+		+	+	+	+		+			+	+		+	+		东	夏	LC	III			日	
鹌鹑 Coturnix japonica	+	+		+	+	+			+	+	+	+	+		+	+	+	广	留	NT	III			日	
环颈雉 Phasianus colchicus	+	+		+	+	+	+	+	+	+	+	+	+	+	+	+	+	古	留	LC	III	省		日	
河北亚种 P. c. karpowi	+	+							+		+	+					+								
华东亚种 P. c. torquatus	+	+							+		+	+	+				+								
贵州亚种 P. c. decollatus	+	+	+						+		+	+					+								
鸿雁 Anser cygnoid	+	+		+	+	+	+	+	+		+	+	+	+	+	+	+	古	冬	VU	III			日	
豆雁 Anser fabalis	+	+		+	+	+	+		+		+	+	+		+	+	+	古	冬	LC	III			日	
短嘴豆雁 Anser serrirostris	+	+		+		+	+		+		+	+	+	+	+	+		古	冬	LC	III			日	
灰雁 Anser anser	+	+		+	+	+	+		+	+	+	+	+	+	+	+	+	古	旅	LC	III	省			
白额雁 Anser albifrons	+	+		+		+	+	+	+	+	+	+	+	+	+	+	+	古	旅	LC	II			日	
小白额雁 Anser erythropus	+	+				+	+		+	+	+	+	+		+	+	+	古	冬	VU	II	省		日	
斑头雁 Anser indicus	+	+				+	+		+	+	+	+	+	+	+	+	+	古	旅	LC	III	省			
疣鼻天鹅 Cygnus olor	+	+		+		+	+		+		+	+	+	+	+	+	+	古	冬	LC	II			日	
小天鹅 Cygnus columbianus	+	+		+	+	+	+	+	+	+	+	+	+	+	+	+	+	古	旅	LC	II			日	
大天鹅 Cygnus cygnus	+	+		+	+	+	+	+	+	+	+	+	+	+	+	+	+	古	冬	LC	II			日	
翘鼻麻鸭 Tadorna tadorna	+	+		+	+	+	+		+		+	+	+	+	+	+	+	古	冬	LC	III			日	
赤麻鸭 Tadorna ferruginea	+	+		+	+	+	+	+	+		+	+	+	+	+	+	+	古	留	LC	III			日	
鸳鸯 Aix galericulata	+	+		+	+	+	+		+		+	+	+		+	+	+	广	旅	LC	II				
棉凫 Nettapus coromandelianus	+		+			+					+		+		+	+		广	夏	LC	II			日	
赤膀鸭 Mareca strepera	+	+		+	+	+	+		+	+	+	+	+	+	+	+	+	古	冬	LC	III	省		日	
罗纹鸭 Mareca falcata	+	+		+	+	+	+		+		+	+	+	+	+	+	+	古	冬	NT	III		3	日	
赤颈鸭 Mareca penelope	+	+		+	+	+	+		+		+	+	+		+	+	+	古	冬	LC	III			日	
绿头鸭 Anas platyrhynchos	+	+		+	+	+	+	+	+	+	+	+	+	+	+	+	+	古	留	LC	III			日	
斑嘴鸭 Anas zonorhyncha	+	+		+	+	+	+		+		+	+	+		+	+	+	广	留	LC	III				
针尾鸭 Anas acuta	+	+		+	+	+	+		+	+	+	+	+	+	+	+	+	广	旅	LC	III	省	3	日	
绿翅鸭 Anas crecca	+	+		+	+	+	+		+		+	+	+	+	+	+	+	古	冬	LC	III		3	日	
琵嘴鸭 Spatula clypeata	+	+		+	+	+	+		+		+	+	+	+	+	+	+	古	冬	LC	III		3	日	澳

续表

物种	调查结果			记录资料							记录文献							类型与保护							
	调查到	有记录	新记录	济宁站	总规划	保护区	公园总	微林局	滕涨鸟	多样性	南图鉴	山鸟志	南名录	生态学	山名录	鸟名录	分类录	区系	居留型	IUCN	国家级	省级	CITES	中日	中澳
白眉鸭 Spatula querquedula	+	+		+	+	+	+	+	+	+		+	+	+	+	+	+	广	旅	LC	III		3		澳
花脸鸭 Sibrionetta formosa	+	+		+	+	+	+	+			+	+	+		+	+	+	古	冬	LC	II		2	日	
赤嘴潜鸭 Netta rufina	+	+		+	+	+	+		+		+	+	+		+	+	+	古	旅	LC	III				
红头潜鸭 Aythya ferina	+	+		+	+	+	+		+		+	+	+		+	+	+	古	冬	LC	III			日	
青头潜鸭 Aythya baeri	+	+		+	+	+	+	+	+		+	+	+		+	+	+	古	冬	EN	I			日	
白眼潜鸭 Aythya nyroca	+	+		+	+	+	+		+		+	+	+		+	+	+	古	夏	NT	III				
凤头潜鸭 Aythya fuligula	+	+		+	+	+	+		+			+	+		+	+	+	古	旅	LC	III			日	
斑背潜鸭 Aythya marila	+	+		+	+	+	+		+			+	+		+	+	+	古	旅	LC	III			日	
黑海番鸭 Melanitta americana	+	+		+	+	+	+		+			+	+		+	+	+	古	旅	LC	III				
鹊鸭 Bucephala clangula	+	+		+	+	+	+		+			+	+		+	+	+	古	冬	LC	III			日	
斑头秋沙鸭 Mergellus albellus	+	+		+	+	+	+		+			+	+		+	+	+	古	冬	LC	II			日	
普通秋沙鸭 Mergus merganser	+	+		+	+	+	+		+			+	+		+	+	+	古	冬	LC	III	省			
红胸秋沙鸭 Mergus serrator	+	+		+	+	+	+		+			+	+		+	+	+	古	冬	LC	III			日	
中华秋沙鸭 Mergus squamatus	+		+	+			+		+			+	+		+	+	+	古	旅	EN	I				
小䴙䴘 Tachybaptus ruficollis	+	+		+	+	+	+		+	+		+	+	+		+	+	广	留	LC	III				
凤头䴙䴘 Podiceps cristatus	+	+		+	+	+	+		+			+	+		+	+	+	古	留	LC	III				
角䴙䴘 Podiceps auritus	+	+		+	+	+	+		+			+	+		+	+	+	古	冬	LC	II				
黑颈䴙䴘 Podiceps nigricollis	+	+		+	+	+	+		+			+	+		+	+	+	古	旅	LC	III				
大红鹳 Phoenicopterus roseus	+		+			+			+			+			+	+	+	广	迷	LC	III		2		
山斑鸠 Streptopelia orientalis	+	+	+	+	+	+	+		+			+	+		+	+	+	广	留	LC	III				
灰斑鸠 Streptopelia decaocto	+	+		+	+	+	+		+			+	+		+	+	+	广	留	LC	III	省			
火斑鸠 Streptopelia tranquebarica	+	+		+	+	+	+		+			+	+		+	+	+	广	夏	LC	III				
珠颈斑鸠 Streptopelia chinensis	+	+		+	+	+	+		+			+	+		+	+	+	东	留	LC	III				
普通夜鹰 Caprimulgus indicus	+	+		+	+	+	+		+			+	+		+	+	+	广	夏	LC	III				
普通雨燕 Apus apus	+	+		+	+	+	+		+			+	+		+	+	+	古	夏	LC	III				
小鸦鹃 Centropus bengalensis	+	+	+				+		+			+	+		+	+	+	广	夏	LC	III				
小杜鹃 Cuculus poliocephalus	+	+		+	+	+	+		+			+	+		+	+	+	广	夏	LC	III	省			
四声杜鹃 Cuculus micropterus	+	+		+	+	+	+		+			+	+		+	+	+	广	夏	LC	III	省			
中杜鹃 Cuculus saturatus	+	+		+	+	+	+		+			+	+		+	+	+	广	旅	LC	III			日	
大杜鹃 Cuculus canorus	+	+		+	+	+	+		+	+	+	+	+		+	+	+	广	夏	LC	III				
指名亚种 C. c. canorus	+	+															+								
华西亚种 C. c. bakeri	+	+															+								

续表

物种	调查到	有记录	新记录	济宁站	总规划	保护区	公园总	微林局	滕滨鸟	多样性	南图鉴	山鸟志	商名录	生态学	山名录	鸟名录	分类录	区系	居留型	IUCN	国家级	省级	CITES	中日	中澳
大鸨 *Otis tarda*	+	+		+	+	+	+	+	+		+	+	+	+	+	+	+	古	冬	VU	I		2		
普通秧鸡 *Rallus indicus*	+	+		+	+	+	+	+	+		+	+	+		+	+	+	古	旅	LC	III	省			
小田鸡 *Zapornia pusilla*	+	+		+	+	+	+	+	+	+	+	+	+		+	+	+	广	夏	LC	III				
红胸田鸡 *Zapornia fusca*	+	+		+	+	+			+		+	+	+		+	+	+	广	夏	LC	III				
斑胁田鸡 *Zapornia paykullii*		+					+				+	+	+			+	+	古	夏	NT	III	省	2		
白胸苦恶鸟 *Amaurornis phoenicurus*	+	+								+	+	+	+	+	+	+	+	东	夏	LC	III				
董鸡 *Gallicrex cinerea*	+	+									+	+	+		+	+	+	东	夏	LC	III	省			
黑水鸡 *Gallinula chloropus*	+	+		+	+	+	+	+	+	+	+	+	+		+	+	+	广	留	LC	III				
白骨顶 *Fulica atra*	+	+		+	+	+	+	+	+	+	+	+	+		+	+	+	广	留	LC	III				
白鹤 *Grus leucogeranus*	+	+			+			+	+		+	+	+	+	+	+	+	古	旅	CR	I		1		
白枕鹤 *Grus vipio*	+	+		+	+	+		+	+		+	+	+		+	+	+	古	冬	VU	II		1	日	
灰鹤 *Grus grus*	+	+		+	+	+	+	+	+		+	+	+	+	+	+	+	广	冬	LC	II		2	日	
白头鹤 *Grus monacha*	+	+	+			+				+	+	+	+		+	+	+	古	旅	VU	I		1	日	
黑翅长脚鹬 *Himantopus himantopus*	+	+		+	+	+	+	+	+	+	+	+	+	+	+	+	+	广	夏	LC	III	省			
反嘴鹬 *Recurvirostra avosetta*	+	+		+	+	+	+		+	+	+	+	+	+	+	+	+	古	夏	LC	III				
凤头麦鸡 *Vanellus vanellus*	+	+		+	+	+	+	+	+	+	+	+	+		+	+	+	古	旅	LC	III				
灰头麦鸡 *Vanellus cinereus*	+	+	+		+	+	+	+		+	+	+	+		+	+	+	古	旅	LC	III				
金鸻 *Pluvialis fulva*	+	+		+	+	+	+	+	+	+	+	+	+		+	+	+	古	旅	LC	III				澳
长嘴剑鸻 *Charadrius placidus*	+	+	+						+		+	+	+		+	+	+	古	夏	LC	III				
金眶鸻 *Charadrius dubius*	+	+		+	+	+	+		+	+	+	+	+		+	+	+	广	夏	LC	III				澳
环颈鸻 *Charadrius alexandrinus*	+	+		+	+	+	+	+	+	+	+	+	+	+	+	+	+	古	夏	LC	III				
东方鸻 *Charadrius veredus*	+	+		+	+	+	+		+	+	+	+	+		+	+	+	广	旅	LC	III				澳
彩鹬 *Rostratula benghalensis*	+	+		+	+	+	+	+	+	+	+	+	+	+	+	+	+	东	夏	LC	III				
水雉 *Hydrophasianus chirurgus*	+	+		+	+	+	+	+	+	+	+	+	+	+	+	+	+	东	夏	LC	III	省			澳
丘鹬 *Scolopax rusticola*	+	+		+	+	+	+	+	+	+	+	+	+		+	+	+	古	旅	LC	III				澳
针尾沙锥 *Gallinago stenura*	+	+		+	+	+	+	+	+	+	+	+	+		+	+	+	广	旅	LC	III				澳
大沙锥 *Gallinago megala*	+	+		+	+	+	+		+	+	+	+	+		+	+	+	古	旅	LC	III				澳
扇尾沙锥 *Gallinago gallinago*	+	+		+	+	+	+	+	+	+	+	+	+	+	+	+	+	古	旅	LC	III				澳
黑尾塍鹬 *Limosa limosa*	+	+	+	+	+	+	+		+		+	+	+		+	+	+	古	旅	NT	III				澳
斑尾塍鹬 *Limosa lapponica*		+	+	+	+	+	+		+		+	+	+		+	+	+	古	旅	LC	III				澳
小杓鹬 *Numenius minutus*	+	+		+	+	+	+		+	+	+	+	+		+	+	+	古	旅	LC	II				澳
中杓鹬 *Numenius phaeopus*	+	+		+	+	+	+	+	+	+	+	+	+	+	+	+	+	古	旅	LC	III				澳

续表

物种	调查到	有记录	新记录	济宁站	总规划	保护区	公园总	微林局	滕滨鸟	多样性	南图鉴	山鸟志	南名录	生态学	山鸟名录	分类录	区系	居留型	IUCN	国家级	省级	CITES	中日	中澳
白腰杓鹬 *Numenius arquata*	+	+		+	+	+	+	+	+	+	+	+	+	+	+	+	古	旅	NT	III	省			澳
鹤鹬 *Tringa erythropus*	+	+		+	+	+	+	+	+	+	+	+	+		+	+	古	旅	LC	III				
红脚鹬 *Tringa totanus*	+	+			+	+		+			+	+			+	+	古	旅	LC	III				澳
泽鹬 *Tringa stagnatilis*	+		+		+						+	+	+			+	古	旅	LC	III				澳
青脚鹬 *Tringa nebularia*	+	+		+	+	+	+	+	+	+	+	+	+	+	+	+	古	旅	LC	III				澳
白腰草鹬 *Tringa ochropus*	+	+		+	+	+	+	+	+	+	+	+	+	+	+	+	古	旅	LC	III				
林鹬 *Tringa glareola*	+	+		+	+	+	+	+	+	+	+	+	+	+	+	+	古	旅	LC	III				澳
灰尾漂鹬 *Tringa brevipes*	+	+	+								+				+	+	古	旅	LC	III				澳
矶鹬 *Actitis hypoleucos*	+	+			+		+	+	+			+	+	+	+	+	古	夏	LC	III				澳
青脚滨鹬 *Calidris temminckii*	+		+		+		+		+	+		+	+		+	+	古	夏	LC	III				
长趾滨鹬 *Calidris subminuta*	+	+			+		+				+	+	+		+	+	古	旅	LC	II				澳
阔嘴鹬 *Limicola falcinellus*	+	+		+	+	+	+	+			+	+	+	+	+	+	古	旅	LC	III				澳
黑腹滨鹬 *Calidris alpina*	+	+		+	+	+	+	+			+	+	+		+	+	古	旅	LC					澳
黄脚三趾鹑 *Turnix tanki*	+	+		+	+	+			+	+				+			广	旅	LC	III				
普通燕鸻 *Glareola maldivarum*	+	+		+	+	+	+	+			+	+	+		+	+	古	夏	LC	III				
棕头鸥 *Chroicocephalus brunnicephalus*	+	+		+	+	+	+				+	+	+		+	+	古	旅	LC	III				
红嘴鸥 *Chroicocephalus ridibundus*	+	+		+	+	+	+	+		+	+	+	+	+	+	+	古	留	LC	III				
黑尾鸥 *Larus crassirostris*	+	+		+	+	+	+	+			+	+	+		+	+	古	旅	LC	III				澳
西伯利亚银鸥 *Larus smithsonianus*	+	+		+	+	+	+				+	+	+		+	+	古	留	LC	III				澳
白额燕鸥 *Sternula albifrons*	+	+		+	+	+	+	+		+	+	+	+	+	+	+	广	夏	LC	III				澳
普通燕鸥 *Sterna hirundo*	+	+		+	+	+	+	+			+	+	+	+	+	+	广	夏	LC	III		1		澳
灰翅浮鸥 *Chlidonias hybrida*	+	+		+	+	+	+				+	+	+		+	+	广	夏	LC	III				
白翅浮鸥 *Chlidonias leucopterus*	+	+		+	+	+	+	+		+	+	+	+	+	+	+	古	旅	LC	III				
黑鹳 *Ciconia nigra*	+	+		+	+	+	+	+			+	+	+		+	+	古	夏	LC	I		2	日	澳
东方白鹳 *Ciconia boyciana*	+	+		+	+	+	+	+			+	+	+		+	+	广	留	EN	I		1	日	澳
普通鸬鹚 *Phalacrocorax carbo*	+	+		+	+		+	+			+	+	+		+	+	广	旅	LC	III				
白琵鹭 *Platalea leucorodia*	+	+		+	+	+	+				+	+	+		+	+	古	旅	LC	II		2	日	澳
大麻鳽 *Botaurus stellaris*	+	+		+	+	+	+				+	+	+	+	+	+	广	旅	LC	III			日	
黄斑苇鳽 *Ixobrychus sinensis*	+	+		+	+	+	+				+	+	+	+	+	+	广	夏	LC	III			日	
紫背苇鳽 *Ixobrychus eurhythmus*	+	+		+	+	+	+			+	+	+	+		+	+	广	旅	LC	III			日	
栗苇鳽 *Ixobrychus cinnamomeus*	+	+		+	+	+	+				+	+	+		+	+	广	夏	LC	III	省		日	
夜鹭 *Nycticorax nycticorax*	+	+		+	+	+	+			+	+	+	+	+	+	+	广	留	LC	III			日	澳

续表

物种	调查结果			记录资料							记录文献						分类录	区系	居留型	类型与保护					
	调查到	有记录	新记录	济宁站	总规划	保护区	公园总	微山林局	滕滨鸟	多样性	济南图鉴	山东鸟志	济南名录	生态学	山东鸟类名录	鸟名录				IUCN	国家级	省级	CITES	中日	中澳
绿鹭 Butorides striata	+	+	+		+					+	+	+	+		+	+	+	广	夏	LC	III	省			
池鹭 Ardeola bacchus	+	+		+	+	+			+	+	+	+	+		+	+	+	广	夏	LC	III			日	
牛背鹭 Bubulcus ibis	+	+		+	+	+	+		+	+	+	+	+		+	+	+	广	夏	LC	III	省	3		澳
苍鹭 Ardea cinerea	+	+		+	+	+	+	+	+	+	+	+	+		+	+	+	广	留	LC	III	省		日	
草鹭 Ardea purpurea	+	+		+	+	+	+	+	+	+	+	+	+		+	+	+	广	夏	LC	III	省			澳
大白鹭 Ardea alba	+	+			+	+	+	+	+	+	+	+	+		+	+	+	广	留	LC	III	省	3	日	
中白鹭 Ardea intermedia	+	+		+	+	+	+	+	+	+	+	+	+		+	+	+	广	夏	LC	III	省		日	
白鹭 Egretta garzetta	+	+		+	+	+	+	+	+	+	+	+	+		+	+	+	广	留	LC	III	省	3		
鹗 Pandion haliaetus	+	+			+			+			+	+	+		+	+	+	广	冬	LC	II		2		
黑翅鸢 Elanus caeruleus	+	+	+								+	+	+				+	广	留	LC	II		2		
凤头蜂鹰 Pernis ptilorhynchus	+	+								+	+	+		+	+		+	古	旅	LC	II		2		
秃鹫 Aegypius monachus	+		+								+	+			+		+	古	旅	NT	II		2		
乌雕 Clanga clanga	+	+								+	+	+	+	+	+		+	古	冬	VU	II		2		
松雀鹰 Accipiter virgatus	+	+		+		+	+				+	+			+		+	广	旅	LC	II		2	日	
雀鹰 Accipiter nisus	+	+				+			+		+	+			+		+	古	夏	LC	II		2		
苍鹰 Accipiter gentilis	+	+		+	+	+	+		+		+	+			+		+	古	旅	LC	II		2	日	
白头鹞 Circus aeruginosus	+			+	+	+					+	+			+		+	古	旅	LC	II		2	日	
白腹鹞 Circus spilonotus	+	+			+				+		+	+			+		+	广	旅	LC	II		2		
白尾鹞 Circus cyaneus	+	+		+		+	+		+		+	+	+		+		+	古	旅	LC	II		2	日	
鹊鹞 Circus melanoleucos	+	+			+				+		+	+			+		+	古	夏	LC	II		2		
黑鸢 Milvus migrans	+	+		+						+	+	+	+		+		+	广	留	LC	II		2		
白尾海雕 Haliaeetus albicilla	+	+	+								+	+			+		+	古	留	LC	I		1		
大鵟 Buteo hemilasius	+	+		+		+			+		+	+			+		+	古	旅	LC	II		2		
普通鵟 Buteo japonicus	+	+		+		+	+		+	+	+	+		+	+		+	广	冬	LC	II		2		
红角鸮 Otus sunias	+	+			+	+	+		+		+	+			+		+	古	夏	LC	II		2		
雕鸮 Bubo bubo	+			+		+		+	+		+	+	+		+		+	古	留	LC	II				
纵纹腹小鸮 Athene noctua	+	+		+	+			+	+		+	+			+		+	广	留	LC	II		2	日	
长耳鸮 Asio otus	+	+				+			+		+	+			+		+	古	冬	LC	II		2		
短耳鸮 Asio flammeus	+	+		+	+	+	+		+		+	+			+		+	古	旅	LC	II		2		
戴胜 Upupa epops	+	+		+	+	+	+		+		+	+		+	+		+	广	旅	LC	III			日	
三宝鸟 Eurystomus orientalis	+	+		+		+	+		+		+	+	+		+		+	广	夏	LC	III	省		日	
蓝翡翠 Halcyon pileata	+	+		+	+	+	+	+	+		+	+	+		+		+	东	夏	LC	III				

续表

物种	调查结果			记录资料							记录文献							区系	居留型	IUCN	类型与保护				
	调查到	有记录	新记录	济宁站	总规划	保护区	公园总	微林局	滕滨鸟	多样性	南图鉴	山鸟志	南名录	生态学	山名录	鸟名录	分类录				国家级	省级	CITES	中日	中澳
普通翠鸟 Alcedo atthis	+	+		+		+	+	+	+	+	+	+	+	+	+	+	+	古	留	LC	III				
冠鱼狗 Megaceryle lugubris	+	+			+				+	+	+	+			+	+	+	广	夏	LC	III	省			
斑鱼狗 Ceryle rudis	+		+						+	+	+	+	+		+	+	+	广	留	LC	III				
蚁䴕 Jynx torquilla	+	+		+		+			+		+	+	+	+	+	+	+	古	旅	LC	III	省			
棕腹啄木鸟 Dendrocopos hyperythrus	+	+		+	+	+	+	+	+	+	+	+	+		+	+	+	广	旅	LC	III	省			
星头啄木鸟 Dendrocopos canicapillus	+	+		+		+	+		+	+	+	+	+	+	+	+	+	东	留	LC	III	省			
大斑啄木鸟 Dendrocopos major	+	+		+	+	+	+		+	+	+	+	+	+	+	+	+	古	留	LC	III				
灰头绿啄木鸟 Picus canus	+	+		+		+	+		+	+	+	+	+	+	+	+	+	广	留	LC	III	省			
红隼 Falco tinnunculus	+	+		+	+	+	+		+		+	+	+		+	+	+	古	留	LC	II		2		
红脚隼 Falco amurensis	+	+		+		+	+		+	+	+	+	+		+	+	+	广	夏	LC	II		2		
燕隼 Falco subbuteo	+	+		+	+	+	+		+	+	+	+	+		+	+	+	古	旅	LC	II		2	日	
游隼 Falco peregrinus	+	+		+		+	+		+		+	+	+	+	+	+	+	广	旅	LC	II		1		
南方亚种 F. p. peregrinator											+														
普通亚种 F. p. calidus											+														
黑枕黄鹂 Oriolus chinensis	+	+		+		+			+		+	+	+	+	+	+	+	东	夏	LC	III	省		日	
灰山椒鸟 Pericrocotus divaricatus	+	+		+	+	+	+		+		+	+	+		+	+	+	古	旅	LC	III			日	
黑卷尾 Dicrurus macrocercus	+	+		+	+	+	+		+		+	+	+		+	+	+	东	夏	LC	III				
灰卷尾 Dicrurus leucophaeus	+	+			+	+					+	+	+	+	+	+	+	东	旅	LC	III				
发冠卷尾 Dicrurus hottentottus	+	+		+		+			+		+	+	+		+	+	+	东	夏	LC	III				
寿带鸟 Terpsiphone incei	+	+			+						+	+	+		+	+	+	东	夏	LC	III			日	
虎纹伯劳 Lanius tigrinus	+	+		+		+	+		+		+	+	+		+	+	+	古	夏	LC	III				
牛头伯劳 Lanius bucephalus	+	+	+	+		+			+		+	+	+		+	+	+	古	夏	LC	III				
红尾伯劳 Lanius cristatus	+	+		+		+	+		+	+	+	+	+		+	+	+	古	夏	LC	III			日	
指名亚种 L. c. cristatus											+														
普通亚种 L. c. lucionensis				+		+				+	+	+	+	+	+	+	+	古	夏	LC	III			日	
日本亚种 L. c. superciliosus											+														
棕背伯劳 Lanius schach	+	+		+		+			+		+	+	+		+	+	+	东	夏	LC	III				
灰伯劳 Lanius excubitor	+	+	+								+	+	+		+	+		古	旅	LC	III			日	
楔尾伯劳 Lanius sphenocercus	+	+		+		+	+		+	+	+	+	+		+	+	+	古	冬	LC	III				
灰喜鹊 Cyanopica cyanus	+	+		+		+			+		+	+	+		+	+	+	古	留	LC	III				
喜鹊 Pica pica	+	+		+		+	+		+		+	+	+		+	+	+	古	留	LC	III				
达乌里寒鸦 Corvus dauuricus	+	+		+		+	+		+		+	+	+		+	+	+	古	留	LC	III			日	

续表

物种	调查结果			记录资料							记录文献							区系	居留型	类型与保护					
	调查到	有记录	新记录	济宁站	总规划	保护区	公园总	微林局	滕滨鸟	多样性	南图鉴	山鸟志	南名录	生态学	山名录	鸟名录	分类录			IUCN	国家级	省级	CITES	中日	中澳
秃鼻乌鸦 Corvus frugilegus	+	+		+		+	+				+	+	+		+	+	+	古	留	LC	III			日	
小嘴乌鸦 Corvus corone	+	+			+	+	+				+	+	+		+	+	+	古	旅	LC	III			日	
白颈鸦 Corvus pectoralis	+	+		+		+		+			+	+	+				+	东	留	VU					
大嘴乌鸦 Corvus macrorhynchos	+	+		+	+	+	+	+			+	+	+		+	+	+	古	留	LC					
黄腹山雀 Pardaliparus venustulus	+	+		+	+	+	+				+	+	+		+	+	+	东	旅	LC	III				
沼泽山雀 Poecile palustris	+	+		+	+	+	+	+		+	+	+	+		+	+	+	古	留	LC	III				
大山雀 Parus cinereus	+	+		+	+	+	+	+		+	+	+	+	+	+	+	+	广	留	LC	III				
华北亚种 P. c. minor	+	+										+													
华南亚种 P. c. commixtus	+	+									+	+													
北方亚种 P. c. kapustini	+		+																						
中华攀雀 Remiz consobrinus	+	+		+	+	+	+		+	+	+	+	+		+	+	+	东	夏	LC	III	省			
凤头百灵 Galerida cristata	+	+		+	+	+	+				+	+	+		+	+	+	广	留	LC	III	省			
云雀 Alauda arvensis	+	+		+	+	+	+			+	+	+	+	+	+	+	+	古	留	LC	II				
小云雀 Alauda gulgula	+	+		+		+	+			+	+	+	+		+	+	+	广	留	LC	III			日	
棕扇尾莺 Cisticola juncidis	+	+	+		+		+			+	+	+	+	+	+			广	夏	LC	III			日	
纯色山鹪莺 Prinia inornata	+	+		+			+				+				+			广	夏	NT	III				
东方大苇莺 Acrocephalus orientalis	+	+		+			+	+	+		+	+	+		+	+	+	东	夏	LC	III				
黑眉苇莺 Acrocephalus bistrigiceps	+	+									+	+	+	+	+	+	+	古	旅	VU	III				
厚嘴苇莺 Arundinax aedon	+	+								+	+	+	+	+	+	+	+	古	旅	LC	III				
小蝗莺 Locustella certhiola	+	+		+		+	+		+	+	+	+	+	+	+	+	+	广	旅	LC	III			日	
家燕 Hirundo rustica	+	+		+	+	+	+	+	+		+	+	+	+	+	+	+	广	夏	LC	III			日	澳
金腰燕 Cecropis daurica	+	+		+	+	+	+			+	+	+	+		+	+	+	古	夏	LC	III			日	
普通亚种 C. d. japonica	+	+		+		+	+				+	+	+	+		+									
西南亚种 C. d. nipalensis	+	+	+						+		+					+									
领雀嘴鹎 Spizixos semitorques	+	+	+			+	+	+								+	+	东	旅	LC	III			日	
白头鹎 Pycnonotus sinensis	+	+		+	+	+	+	+			+	+	+		+	+	+	东	留	LC	III				
褐柳莺 Phylloscopus fuscatus	+	+		+	+	+	+	+		+	+	+	+		+	+	+	古	旅	LC	III				
棕腹柳莺 Phylloscopus subaffinis	+	+		+	+	+	+				+		+		+	+	+	广	旅	LC	III				
棕眉柳莺 Phylloscopus armandii	+	+		+		+					+		+		+	+	+	古	旅	LC	III				
巨嘴柳莺 Phylloscopus schwarzi	+	+		+	+	+	+				+		+		+	+	+	古	旅	LC	III				
黄腰柳莺 Phylloscopus proregulus	+	+		+	+	+	+				+		+		+	+	+	古	旅	LC	III				
黄眉柳莺 Phylloscopus inornatus	+	+		+	+	+	+		+		+	+	+		+	+	+	古	旅	LC	III				

续表

物种	调查到	有记录	新记录	济宁站	总规划	保护区	公园区总	微林局	滕滨鸟	多样性	南图鉴	山鸟志	南名录	生态学	山名录	鸟名录	分类录	区系	居留型	IUCN	国家级	省级	CITES	中日	中澳
极北柳莺 Phylloscopus borealis	+	+		+	+	+	+	+	+		+	+	+		+	+	+	古	旅	LC	III			日	
远东树莺 Horornis canturians	+		+	+	+				+		+	+	+		+			广	夏	LC	III			日	
银喉长尾山雀 Aegithalos glaucogularis	+		+								+	+	+		+	+	+	古	留	LC	III				
山鹛 Rhopophilus pekinensis	+		+								+	+	+		+		+	古	冬	LC	III				
棕头鸦雀 Sinosuthora webbiana	+	+							+		+	+	+	+	+			广	留	LC	III				
震旦鸦雀 Paradoxornis heudei	+		+					+			+	+	+		+		+	广	留	NT	II				
红胁绣眼鸟 Zosterops erythropleurus	+	+		+		+			+		+	+	+		+			古	旅	LC	III				
暗绿绣眼鸟 Zosterops japonicus	+	+		+	+	+			+		+	+	+		+			东	夏	LC	III				
画眉 Garrulax canorus	+	+									+	+	+	+	+			东	夏	LC	III				
黑脸噪鹛 Garrulax perspicillatus	+	+		+	+	+			+		+	+	+	+	+	+	+	东	留	NT	III	省			
欧亚旋木雀 Certhia familiaris	+		+	+		+					+	+	+		+			古	冬	LC					
普通䴓 Sitta europaea	+	+									+	+	+		+			古	留	LC					
鹪鹩 Troglodytes troglodyte	+		+	+	+	+			+		+	+	+		+		+	广	旅	LC	III				
褐河乌 Cinclus pallasii	+	+									+	+	+		+			广	夏	LC	III				
八哥 Acridotheres cristatellus	+	+						+			+	+	+		+			东	留	LC	III				
丝光椋鸟 Spodiopsar sericeus	+	+						+			+	+	+	+	+		+	东	旅	LC	III				
灰椋鸟 Spodiopsar cineraceus	+	+		+	+	+			+		+	+	+		+	+	+	古	留	LC	III				
北椋鸟 Agropsar sturninus	+	+									+	+	+		+			古	旅	LC	III				
紫翅椋鸟 Sturnus vulgaris	+		+								+	+	+		+	+		古	旅	LC	III				
橙头地鸫 Geokichla citrina	+		+								+	+	+		+			东	迷	LC	III				
白眉地鸫 Geokichla sibirica	+	+		+		+			+		+	+	+		+		+	古	旅	LC	III				
虎斑地鸫 Zoothera aurea	+	+		+	+	+			+		+	+	+		+			广	旅	LC	III				
灰背鸫 Turdus hortulorum	+	+									+	+	+	+	+			古	旅	LC	III		日	
乌鸫 Turdus mandarinus	+	+		+	+	+		+	+		+	+	+		+			广	留	LC					
白眉鸫 Turdus obscurus	+	+									+	+	+		+			古	夏	LC	III				
白腹鸫 Turdus pallidus	+	+		+		+			+		+	+	+		+			古	旅	LC	III		日	
赤颈鸫 Turdus ruficollis	+	+		+		+			+		+	+	+		+			古	旅	LC	III				
红尾斑鸫 Turdus naumanni	+	+									+	+	+		+			古	冬	LC	III		日	
斑鸫 Turdus eunomus	+	+		+	+	+			+		+	+	+		+			广	旅	LC	III		日	
红尾歌鸲 Larvivora sibilans	+	+									+	+	+		+			古	旅	LC	III		日	
蓝歌鸲 Larvivora cyane	+		+	+		+			+		+	+	+		+			古	旅	LC	III	省		日	
红喉歌鸲 Calliope calliope	+	+		+		+			+		+	+	+		+			古	夏	LC		省		日	
蓝喉歌鸲 Luscinia svecica	+	+		+	+	+			+		+	+	+		+			古	旅	LC	III		日	
红胁蓝尾鸲 Tarsiger cyanurus	+	+		+		+			+		+	+	+		+			古	旅	LC	III		日	
蓝额红尾鸲 Phoenicuropsis frontalis	+		+								+	+	+		+			古	旅	LC	III		日	
北红尾鸲 Phoenicurus auroreus	+	+		+	+	+			+		+	+	+		+			古	留	LC	III		日	

续表

物种	调查结果							记录资料					记录文献					类型与保护							
	调查到	有记录	新记录	济宁站	总规划	保护区	公园总	微林局	滕滨鸟	多样性	南图鉴	山鸟志	南名录	生态学	山名录	鸟名录	分类录	区系	居留型	IUCN	国家级	省级	CITES	中日	中澳
黑喉石鵖 Saxicola maurus	+	+		+	+	+	+	+	+	+	+	+	+		+	+	+	广	夏	LC	III			日	
蓝矶鸫 Monticola solitarius	+	+		+	+	+	+		+		+	+	+		+	+	+	广	夏	LC					
白喉矶鸫 Monticola gularis	+	+	+	+	+	+	+		+		+	+	+		+	+		古	旅	LC	III			日	
乌鹟 Muscicapa sibirica	+	+			+	+	+		+		+	+	+		+	+	+	古	旅	LC	III			日	
北灰鹟 Muscicapa dauurica	+	+		+		+	+		+		+	+	+	+	+	+	+	广	旅	LC	III			日	
白眉姬鹟 Ficedula zanthopygia	+	+		+	+	+	+		+		+	+	+		+	+		古	夏	LC	III				
鸲姬鹟 Ficedula mugimaki	+	+		+	+	+	+		+	+	+	+	+		+	+		古	旅	LC	III			日	
红喉姬鹟 Ficedula albicilla	+	+			+	+	+		+		+	+	+		+	+		古	旅	LC	III			日	
白腹蓝鹟 Cyanoptila cyanomelana	+	+		+	+	+	+		+		+	+	+		+	+	+	古	旅	LC	III				
白腹暗蓝鹟 Cyanoptila cumatilis	+	+				+	+				+	+	+		+	+		古	旅	LC	III				
戴菊 Regulus regulus	+	+		+	+	+	+		+		+	+	+		+	+		古	旅	LC					
太平鸟 Bombycilla garrulus	+	+		+	+	+	+		+	+	+	+	+		+	+	+	古	旅	LC	III	省		日	
小太平鸟 Bombycilla japonica	+	+	+	+		+	+				+	+	+		+	+		古	旅	NT	III			日	
棕眉山岩鹨 Prunella montanella	+	+		+	+	+	+		+		+	+	+		+	+		古	冬	LC	III				
白腰文鸟 Lonchura striata	+	+	+	+			+	+			+	+	+	+	+	+		东	旅	LC	III				
山麻雀 Passer cinnamomeus	+	+		+	+	+	+	+	+	+	+	+	+		+	+	+	广	留	LC	III				
麻雀 Passer montanus	+	+		+	+	+	+	+	+	+	+	+	+	+	+	+	+	广	留	LC	III			日	
山鹨鸰 Dendronanthus indicus	+	+		+	+	+	+		+	+	+	+	+	+	+	+		广	夏	LC	III			日	
西黄鹡鸰 Motacilla flava	+	+		+	+	+	+		+		+	+	+		+	+		广	旅	LC	III				
黄鹡鸰 Motacilla tschutschensis	+	+		+	+	+	+	+	+		+	+	+	+	+	+		古	旅	LC	III			日	澳
东北亚种 M. t. macronyx	+	+	+								+					+									
台湾亚种 M. t. taivana	+	+	+								+					+									
黄头鹡鸰 Motacilla citreola	+	+		+	+	+	+		+		+	+	+		+	+	+	广	旅	LC	III			日	澳
灰鹡鸰 Motacilla cinerea	+	+		+	+	+	+		+		+	+	+		+	+	+	广	旅	LC	III				
白鹡鸰 Motacilla alba	+	+		+	+	+	+		+		+	+	+		+	+	+	广	留	LC	III			日	澳
灰背眼纹亚种 M. a. ocularis	+	+	+								+					+									
黑背眼纹亚种 M. a. lugens	+	+	+													+									
普通亚种 M. a. leucopsis	+	+			+	+					+					+									
东北亚种 M. a. baicalensis	+	+		+	+	+					+					+									
田鹨 Anthus richardi	+	+		+	+	+	+		+		+	+	+		+	+	+	广	旅	LC	III			日	
树鹨 Anthus hodgsoni	+	+	+	+	+	+	+		+		+	+	+		+	+	+	古	旅	LC	III			日	
北鹨 Anthus gustavi	+	+		+	+	+	+		+		+	+	+		+	+		古	旅	LC	III			日	
红喉鹨 Anthus cervinus	+	+		+	+	+	+		+		+	+	+		+	+		古	旅	LC	III				
黄腹鹨 Anthus rubescens	+	+		+	+	+	+		+		+	+	+		+	+	+	古	旅	LC	III			日	
水鹨 Anthus spinoletta	+	+		+	+	+	+		+		+	+	+		+	+	+	古	旅	LC	III				
山鹨 Anthus sylvanus	+	+		+	+	+	+		+		+	+	+		+	+	+	东	夏	LC	III				

续表

物种	调查结果			记录资料								记录文献						区系	居留型	类型与保护					
	调查到	有记录	新记录	济宁站	总体规划	保护区	公园总	微林局	滕滨鸟	多样性	南图鉴	山鸟志	南名录	生态学	山名录	鸟名录	分类录			IUCN	国家级	省级	CITES	中日	中澳
燕雀 Fringilla montifringilla	+	+		+		+	+	+	+	+		+	+	+		+	+	古	冬	LC	Ⅲ				
黄颈扺蜡嘴雀 Mycerobas affinis	+	+		+	+							+	+					古	留	LC					
锡嘴雀 Coccothraustes coccothraustes	+	+		+		+	+			+		+	+	+	+		+	古	旅	LC	Ⅲ				
黑尾蜡嘴雀 Eophona migratoria	+	+		+	+	+	+	+	+	+		+	+	+	+		+	古	留	LC	Ⅲ			日	
黑头蜡嘴雀 Eophona personata	+					+			+			+	+	+	+		+	古	旅	LC					
红腹灰雀 Pyrrhula pyrrhula	+	+		+		+						+	+					古		LC	Ⅲ			日	
东北亚种 P. p. cassini	+																								
灰腹亚种 P. p. griseiventris	+	+		+	+	+	+					+		+	+		+	古	旅	LC	Ⅲ	省		日	
普通朱雀 Carpodacus erythrinus	+	+	+	+	+	+	+					+	+	+	+		+	古	留	LC	Ⅲ	省		日	
金翅雀 Chloris sinica	+	+		+		+	+	+	+	+		+	+	+	+		+	古	旅	LC	Ⅲ				
黄雀 Spinus spinus	+	+		+		+	+			+		+	+	+	+		+	古	旅	LC	Ⅲ				
铁爪鹀 Calcarius lapponicus	+	+		+		+	+					+	+		+		+	古	旅	LC	Ⅲ				
三道眉草鹀 Emberiza cioides	+	+		+	+	+	+	+	+	+	+	+	+	+	+		+	古	留	LC	Ⅲ				
白眉鹀 Emberiza tristrami	+	+		+		+	+	+				+	+		+		+	古	旅	NT	Ⅲ				
栗耳鹀 Emberiza fucata	+	+		+		+	+	+				+	+		+		+	广	旅	LC	Ⅲ				
小鹀 Emberiza pusilla	+	+		+		+	+	+		+		+	+	+	+		+	古	旅	LC	Ⅲ			日	
黄眉鹀 Emberiza chrysophrys	+	+		+		+	+	+				+	+		+		+	古	旅	LC	Ⅲ			日	
田鹀 Emberiza rustica	+	+		+	+	+	+	+		+		+	+		+		+	古	旅	LC	Ⅲ				
黄喉鹀 Emberiza elegans	+	+		+		+	+	+		+		+	+	+	+		+	古	旅	LC	Ⅲ			日	
黄胸鹀 Emberiza aureola	+	+		+		+	+	+				+	+		+		+	古	旅	LC	Ⅲ			日	
栗鹀 Emberiza rutila	+	+		+		+	+	+		+		+	+		+		+	古	旅	LC	Ⅲ				
灰头鹀 Emberiza spodocephala	+	+		+		+	+	+		+		+	+		+		+	古	旅	LC	Ⅲ			日	
苇鹀 Emberiza pallasi	+	+		+	+	+	+	+		+		+	+		+		+	古	冬	LC	Ⅲ				
芦鹀 Emberiza schoeniclus	+	+		+		+	+	+		+		+	+	+	+		+	古	旅	LC	Ⅲ			日	
东北亚种 E. s. minor	+										+	+													
疆西亚种 E. s. pallidior	+										+	+													

注：调查结果为本次调查情况。调查到，为观察到或有照片，有标本的鸟类；有记录，为正式发表文献中收录的鸟类；新记录，为《山东鸟类分布名录》（赛道建和孙玉刚，2013）中没有收录的鸟类。记录资料参考有关资质单位调查记录及内部资料：济宁站，济宁市林木保护站（1985）；总体规划，国家林业局调查规划设计院等（2005）中附录1，附录3；保护区，山东省林业监测规划院（2003）；公园总，山东省林业监测规划院（2011）中附录3；微林局，微山县林业局（2012）；滕滨鸟，李久恩（2007）；多样性，记录文献参考已发表的山东及南四湖地区鸟类分布有关文献。生态学，杨月伟和李久恩（2012）；山名录，郑作新（1987）；分类录，郑光美（2011，2017）。古，古北界，东，东洋界，广，广布界。夏，夏候鸟，留，留鸟，冬，冬候鸟，旅，旅鸟，迷，迷鸟。国家级中Ⅰ、Ⅱ和Ⅲ分别表示国家Ⅰ级、Ⅱ级重点保护野生动物和《国家保护的有益的或者有重要经济、科学研究价值的野生动物名录》中物种。IUCN，《世界自然保护联盟濒危物种红色名录》中濒危等级：CR，极危，EN，濒危，VU，易危，NT，近危，LC，无危。省，《山东省重点保护野生动物名录》。中日，附录Ⅱ，附录Ⅲ收录物种。中澳，《中华人民共和国政府与日本国政府保护候鸟及其栖息环境的协定》收录物种。CITES中1、2、3分别为CITES附录Ⅰ，附录Ⅱ，附录Ⅲ收录物种。空格为无数据不进行数据统计。全书后同。《中华人民共和国政府与澳大利亚政府保护候鸟及其栖息环境的协定》收录物种。

表 4.2 不同时期南四湖地区鸟类分布记录

物种	内部资料					记录文献							全国分布概况
	济宁站	保护区	公园总	滕滨鸟	多样性	南图鉴	南名录	山鸟志	生态学	山名录	鸟名录	分类录	
白鹤鹳 Ciconia ciconia			+						+				新疆
大石鸻 Esacus recurvirostris				+	+								海南、云南
小青脚鹬 Tringa guttifer			+	+	+		+	+	+				辽宁、福建
灰翅鸥 Larus glaucescens					+		+		+				福建、广东、台湾
褐翅鸦鹃 Centropus sinensis			+		+				+				河南、安徽
小苇鳽 Ixobrychus minutus	+		+	+									西藏、云南
白顶鸭 Oenanthe pleschanka	+		+		+				+				河南、河北
白喉林莺 Sylvia curruca	+	+	+	+									河北、河南、天津
长尾缝叶莺 Orthotomus sutorius	+			+									周边省份无分布
大苇莺 Acrocephalus arundinaceus	+			+									新疆、甘肃、云南
淡眉柳莺 Phylloscopus humei	+												河北
河乌 Cinclus cinclus					+				+				湖北、四川、甘肃、西藏、青海、新疆、云南
褐翅雪雀 Montifringilla adamsi					+				+				四川、甘肃、西藏、青海、新疆
黑翅拟蜡嘴雀 Mycerobas affinis*	+												四川、甘肃、西藏、云南
黑百灵 Melanocorypha yeltoniensis					+				+				新疆
红头穗鹛 Stachyris ruficeps					+				+				河南、安徽
黄腹柳莺 Phylloscopus affinis	+	+	+	+					+				西藏、西部
灰喉柳莺 Phylloscopus maculipennis					+				+				四川、云南、西藏
黄臀鹎 Pycnonotus xanthorhous					+				+				河南、安徽、江苏
灰背伯劳 Lanius tephronotus					+				+				周边省份无分布
灰背椋鸟 Sturnia sinensis	+												周边省份无分布
灰头椋鸟 Sturnia malabarica	+												周边省份无分布
灰翅噪鹛 Garrulax cineraceus					+				+				安徽、江苏
灰头鸦雀 Paradoxornis gularis					+				+				安徽、江苏
金黄鹂 Oriolus oriolus			+										新疆
蓝鹀 Latoucheornis siemsseni					+				+				河南、安徽
栗背伯劳 Lanius collurioides	+								+				广东、广西、云南、贵州
绿背山雀 Parus monticolus	+		+	+					+				中国西南地区
鹊鸲 Copsychus saularis					+				+				河南、安徽、江苏
沙鵰 Oenanthe isabellina	+				+				+				河北北部
绒额鳾 Sitta frontalis					+				+				西藏、广东、广西、云南、贵州
沼泽大尾莺 Megalurus palustris					+				+				西藏、广西、云南、贵州
棕顶树莺 Cettia brunnifrons	+												四川、云南、西藏

*. 即黄颈拟蜡嘴雀。

表 4.3　不同时期鸟类区系及类型的调查结果比较

来源	范围	总种数*	居留型								国I**	国II**	省级	中日	年份***	区系分布		
			留鸟	占总种数/%	夏候鸟	占总种数/%	冬候鸟	占总种数/%	旅鸟	占总种数/%						古北界	东洋界	广布种
济宁站	济宁市	192	47	24.61	38	19.90	23	12.04	83	43.46	2	22	26	70	1985	123	13	55
保护区	保护区	183	45	24.59	37	20.22	21	11.48	80	43.72	2	22	27	69	2003	120	12	51
总规划	保护区	184	37	20.22	42	22.95	24	13.11	80	43.72	2	24	30	72	2005	109	16	58
滕滨鸟	湖区	194	44	22.80	39	20.21	24	12.44	86	44.56	2	24	30	72	2007	123	14	56
公园总	湿地公园	162	40	24.69	32	19.75	22	13.58	68	41.98	3	20	27	64	2011	105	10	47
多样性	保护区	87	31	35.63	25	28.74	6	6.90	25	28.74	0	7	12	27	2012	47	7	33
微林局	微山县	140	44	31.43	32	22.86	17	12.14	47	33.57	3	16	23	52	2012	86	11	43
本次调查	南四湖	294	59	20.07	67	22.79	33	11.22	133	45.24	8	41	38	101	2019	188	27	78

﹡. 因部分迷鸟没有计算进去, 故总种数不是 4 种居留型之和。﹡﹡. 国I、国II 为国家I级、II级重点保护野生动物。﹡﹡﹡. 本次调查为总结年份, 其余为文献发布年份。

　　南四湖鸟类系统调查的结果统计是以标本和照片为基础进行的, 资质单位则是以记录方法进行的, 本次调查是以验证标本、鸟类照片为基础, 配合观察结果及影像资料作为实证进行的。科学有效的调查方法便于调查人员比较、鉴别鸟类, 提升当地群众辨识鸟类的能力与水平, 有助于志愿者参与鸟类生物多样性监测以获得有效数据进行大数据分析, 科学评估南四湖鸟类群落演替与生态环境变化的关系。

4.3　南四湖地区鸟类居留型种数的季节性变化

　　南四湖地区分布的鸟类见表 4.1、表 4.3, 本次调查收录的 294 种 25 亚种鸟类中有留鸟 59 种, 占总种数的 20.07%, 有夏候鸟 67 种, 占总种数的 22.79%, 有冬候鸟 33 种, 占总种数的 11.22%, 有旅鸟 133 种, 占总种数的 45.24%, 有迷鸟 2 种, 占总种数的 6.80%。

　　有关资料记录中,《济宁市鸟类调查研究》(济宁市林木保护站, 1985) 调查到鸟类 192 种, 隶属于 17 目 44 科 103 属, 其中留鸟 47 种, 占总种数的 24.61%, 夏候鸟 38 种, 占总种数的 19.90%, 冬候鸟 23 种, 占总种数的 12.04%, 旅鸟 83 种, 占总种数的 43.46%;《山东济宁南四湖省级自然保护区综合科学考察报告》(山东省林业监测规划院, 2003) 记录保护区有鸟类 183 种, 其中留鸟 45 种, 占总种数的 24.59%, 夏候鸟 37 种, 占总种数的 20.22%, 冬候鸟 21 种, 占总种数的 11.48%, 旅鸟 80 种, 占总种数的 43.72%;《山东南四湖省级自然保护区总体规划》(国家林业局调查规划设计院等, 2005) 记录保护区有鸟类 184 种, 其中留鸟 37 种, 占总数的 20.22%, 夏候鸟 42 种, 占总数的 22.95%, 冬候鸟 24 种, 占总数的 13.11%, 旅鸟 80 种, 占总数的 44.72%;《山东微山湖国家湿地公园总体规划》(山东省林业监测规划院, 2011) 中记录鸟类共 162 种, 隶属于 17 目 46 科, 其中留鸟 40 种, 占总种数的 24.69%, 夏候鸟 32 种, 占总种数的 19.75%, 冬候鸟 22 种, 占总种数的 13.58%, 旅鸟 68 种, 占总种数的 41.98%;《山东南四湖滨湖湿地保护与栖息地恢复可行性研究报告》(山东省林业监测规划院, 2007) 记录山东滕州滨湖湿地之湖区有鸟类 194 种, 隶属于 17 目 53 科, 其中留鸟 44 种, 占总数的 22.80%, 夏候鸟 39 种, 占总数的 20.21%, 冬候鸟 24 种, 占总数的 12.44%, 旅鸟 86 种, 占总数的 44.56%;《微山县湿地资源普查报告》(微山县林业局, 2012) 记录南四湖区域鸟类共计 140 种, 隶属于 17 目 53 科, 其中留鸟 44 种, 占总数的 31.43%, 夏候鸟 32 种, 占总数的 22.86%, 冬候鸟 17 种, 占总数的 12.14%, 旅鸟 47 种, 占总数的 33.57%; 李久恩 (2012) 在《微山湖鸟类群落多样性及其影响因子》调查中报道南四湖保护区有水鸟 87 种, 其中留鸟 31 种, 占总数的 35.63%, 夏候鸟 25 种, 占总数的 28.74%, 冬候鸟 6 种, 占总数的 6.90%, 旅鸟 25 种, 占总数的 28.74%。

本次调查结果，总种数、留鸟、夏候鸟、冬候鸟、旅鸟分别比《济宁市鸟类调查研究》记录增加102种、12种、29种、10种、50种，比《山东南四湖省级自然保护区总体规划》记录增加110种、22种、25种、9种、53种，比《山东南四湖滨湖湿地保护与栖息地恢复可行性研究报告》记录的湖区鸟类增加100种、15种、28种、9种、47种，比《山东微山湖国家湿地公园总体规划》记录增加132种、19种、35种、11种、65种，比《微山县湿地资源普查报告》记录增加154种、15种、35种、16种、86种，比《微山湖鸟类群落多样性及其影响因子》记录的南四湖保护区鸟类增加207种、28种、42种、27种、108种（表4.3）。

鸟类种数和季节类型种数出现的变化可能与以下因素有关。首先，本次调查与群众随机观鸟、拍鸟活动相结合，增加了鸟类多样性调查的深度、广度，观察记录到一些过去难以发现的鸟类，如蓝额红尾鸲 *Phoenicuropsis frontalis*、红胸田鸡 *Zapornia fusca* 等。其次，由于鸟类新、旧分类系统的差异，旧分类系统（郑作新，2000）的部分亚种提升为新分类系统（郑光美，2017）的种，造成鸟类物种数的增加。再次，当地鸟类新记录的发现，如秃鹫 *Aegypius monachus*、白尾海雕 *Haliaeetus albicilla*、小鸦鹃 *Centropus bengalensis*、蓝额红尾鸲 *Phoenicurus frontalis* 等，均为本次调查期间发现的南四湖鸟类新纪录，甚至是山东的鸟类新记录，这些新记录的出现可能是人为因素，如观赏鸟类的被贩卖、逃匿等造成。最后，本次调查鸟类居留型的确定方法是以照片拍摄时间为主，参考往年记录为辅，这种方法能更好、更准确地反映鸟类的实际居留情况，如凤头䴙䴘 *Podiceps cristatus*、白鹭 *Egretta garzetta* 等鸟类在往年资料中分别记为旅鸟、冬候鸟或夏候鸟，本书依据其在本地年周期1~12月是否拍到照片的具体情况，确定更改其居留型为留鸟。各种鸟类居留型的变化详见南四湖地区鸟类图鉴（赛道建等，2020）。

由表4.1可知，与往年记录相比较，尽管各居留型鸟类种数有所变化，但南四湖鸟类季节性分布的种数是以旅鸟为最多，这与南四湖地处鸟类南北迁徙通道有关。鸟类物种的季节性变化，如旅鸟、夏候鸟变成留鸟，鸟类群落结构组成的季节性变化，东洋界鸟类增多也可能与气候变暖等自然现象的变化有一定关系。

4.3.1 南四湖地区春季鸟类

春季是鸟类的繁殖季节，南四湖地区春季鸟类除留鸟（59种）外，由越冬地迁来繁殖的夏候鸟（67种）、越冬北迁的冬候鸟（33种）及迁徙过境的旅鸟（133种）都有所增加（表4.1，表4.3）。

留鸟及夏候鸟在5~6月中旬集中筑巢、育雏，这个时期的繁殖鸟类领地意识强烈，大多数种类选择在隐蔽处单独筑巢，部分鸟类在特定生境集群繁殖，如白鹭、大白鹭 *Ardea alba*、夜鹭 *Nycticorax nycticorax*、池鹭 *Ardeola bacchus* 等在微山湖国家湿地公园、太白湖湿地公园中小岛的杨树、柳树等林中混群聚集筑巢繁殖，黑翅长脚鹬 *Himantopus himantopus*、苍鹭 *Ardea cinerea*、东方大苇莺 *Acrocephalus orientalis* 和棕头鸦雀 *Sinosuthora webbiana* 等则于藕田、芦苇荡深处等浅水沼泽生境中密集筑巢。

繁殖期间鸟类频繁地筑巢、哺育幼鸟及领地保卫行为活动，使得野外调查时鸟类观察、识别较容易进行，对各生境类型中鸟类群落的物种组成、数量变化的观察产生直接影响。

4.3.2 南四湖地区夏季鸟类

本次调查统计中，南四湖地区夏季鸟类主要由夏候鸟和留鸟组成，夏季食物资源充足，繁殖期结束后雏鸟离巢独立生活，鸟类整体呈现分散分布的特点。夏季鸟类的调查覆盖了湖区、湖边林地、农田林地、农田、居民区、沼泽等所有调查生境类型，部分生境中植被生长茂密遮挡效果明显，为鸟类的藏匿提供了便利条件，但也影响了调查期间鸟类的观测。

夏季调查到的鸟类种类及数量状况与实际情况有一定的出入，如藏匿于植被茂密生境中的鸟类若不鸣叫则很难被发现；有些在黎明、傍晚或夜间活动及性情机敏、胆小、飞行迅速的鸟类需要持续地深入调查才能及时发现，调查期间可能未能准确记录这些鸟类的种类和数量。

4.3.3 南四湖地区秋季鸟类

南四湖地区秋季鸟类调查时间为 9～11 月，调查生境为煤矿塌陷区、湖泊边缘林地、河流入湖口、丘陵林地等类型。秋季鸟类主要由留鸟、旅鸟，以及未能及时迁徙的夏候鸟和部分提前迁来的冬候鸟组成，虽然鸟类种类成分复杂，但数量曲线峰值却不如春季高，调查范围内鸟类种类和数量均未能达到峰期，且处于全年较低水平。秋季南四湖鸟类种类、数量双低的主要原因是夏候鸟南迁趋于完成，部分留鸟开始聚集为集群越冬做准备，越冬鸟类尚未全部到达，受调查时间、调查条件和调查范围及强度的限制，造成在调查中鸟类遇见率低、数量少。为了更准确地掌握南四湖区内野生鸟类的种类和数量状况，需要进一步开展群众性大规模的长期、深入、细致的湿地鸟类资源调查，专业调查与群众观测、仪器观测相结合，使南四湖鸟类监测更加科学合理。

4.3.4 南四湖地区冬季鸟类

南四湖地区冬季鸟类组成为越冬水鸟和留鸟，对冬季鸟类的调查主要集中于湖区水面及周边池塘等生境，其中太白湖湿地公园、独山湖禁渔区和微山湖禁渔区为越冬水鸟大群聚集的主要区域。这些区域鸟类多由各种水鸟混群组成上万只甚至数万只的越冬群，其中雁鸭类主要有斑嘴鸭 *Anas zonorhyncha*、绿头鸭 *Anas platyrhynchos*、红头潜鸭 *Aythya ferina*、普通秋沙鸭 *Mergus merganser*、赤麻鸭 *Tadorna ferruginea* 等，秧鸡类主要有黑水鸡、白骨顶等。同一区域内，鸟种数量多的种类可达数千只，为优势种，少的种类则只有几十只甚至几只，差别较大。作为越冬水鸟优势种群多分布于湖区开阔水面区域及芦苇遮挡小水面，集大群、混群现象明显。留鸟中鸽形目和雀形目的鸟类，如山斑鸠、珠颈斑鸠、灰椋鸟 *Spodiopsar cineraceus*、燕雀 *Fringilla montifringilla* 等，同样冬季集群活动，调查期间遇到 100～500 只不等的大群，但这些鸟类多单一鸟种集群，很少有混群现象。

4.3.5 南四湖地区迁徙过境鸟类

根据鸟类迁徙活动的基本规律，在春、秋季节分别选择林地（主要是鲁山林场、湖边及湖区内林地）、池塘（主要是湖区边缘区的养鱼池、育种场）、湖边的裸露滩涂地、水田、苇场等生境类型进行迁徙过境鸟类调查。

南四湖地区迁徙过境鸟类调查时间多集中于春季 3～5 月初和秋季 9～11 月初，过境鸟类种类湖边滩涂湿地鸻鹬类水鸟较多，林地鸣禽及猛禽等较多，各种鸟类种数多，但每一种的数量都比较少。迁徙鸟类在南四湖地区仅短暂休憩停留，过境时间短，受限于调查时间和调查强度，本次调查实际调查到的种类少于文献记录种类。

4.4 南四湖地区各生境类型及行政区域鸟类分布

山东省济宁市的微山县、任城区、嘉祥县、金乡县、兖州区、鱼台县、邹城市及枣庄市等南四湖周边市（县、区），依据山东湿地类型（孙玉刚，2015）的划分标准，将南四湖地区分为水域湖区、草本沼泽（包括藕塘田、苇塘、水田）、河流湿地、沼泽林地、农田林带、居民区和丘陵区等主要调查生境类型。

南四湖地区及自然保护区按照中国动物地理区划（张荣祖，1999），属古北界东北亚界华北区黄淮平原亚区；在山东省动物区系中，属鲁西南平原湖区；在辽东-山东丘陵落叶阔叶林生态区中，属鲁西平原农业-林业-畜牧生态亚区和湖东平原农业-林业-渔业生态亚区 2 个亚区。

近年来，南四湖野生动物调查资料显示，南四湖自然保护区重点调查湿地记录鸟类 14 目 20 科 81 种；微山湖国家湿地公园重点调查湿地记录鸟类 9 目 18 科 35 种（孙玉刚，2015）。

南四湖地区鸟类资源分布调查涉及各种生境及行政区域的鸟类分布情况见表 4.4。

表 4.4 南四湖地区本次调查各生境类型与行政区域鸟类分布

物种	调查情况*			生境类型							行政区域										
	有照片	实地调查	有记录	水域湖区	草本沼泽	河流湿地	沼泽林地	农田林带	居民区	丘陵区	微山县	任城区	嘉祥县	金乡县	曲阜市	泗水县	汶上县	梁山县	兖州区	鱼台县	邹城市
环颈雉 Phasianus colchicus	+	+						+	+	+	+	+									
河北亚种 P. c. karpowi	+	+									+										
华东亚种 P. c. torquatus	+	+									+										
贵州亚种 P. c. decollatus	+	+				+					+										
鸿雁 Anser cygnoid	+	+	+	+							+	+									+
豆雁 Anser fabalis	+	+		+							+										
短嘴豆雁 Anser serrirostris	+	+	+	+	+						+	+									+
白额雁 Anser albifrons	+	+	+	+		+					+										+
小白额雁 Anser erythropus	+	+	+																		
小天鹅 Cygnus columbianus	+	+	+	+							+	+									
大天鹅 Cygnus cygnus	+	+	+	+							+										+
翘鼻麻鸭 Tadorna tadorna	+	+	+	+	+						+	+									
赤麻鸭 Tadorna ferruginea	+	+	+	+	+						+	+									
鸳鸯 Aix galericulata	+	+	+	+							+	+									
棉凫 Nettapus coromandelianus	+	+	+	+	+														+		
赤膀鸭 Mareca strepera	+	+	+	+							+	+									
罗纹鸭 Mareca falcata	+	+	+	+		+					+	+									
绿头鸭 Anas platyrhynchos	+	+	+	+	+	+					+	+			+					+	
斑嘴鸭 Anas zonorhyncha	+	+	+	+	+	+					+	+								+	
针尾鸭 Anas acuta	+	+	+	+	+	+					+	+									
绿翅鸭 Anas crecca	+	+	+	+	+	+					+	+			+						
琵嘴鸭 Spatula clypeata	+	+	+	+		+					+	+									+
白眉鸭 Spatula querquedula	+	+	+	+		+					+	+									
花脸鸭 Sibirionetta formosa	+	+	+	+	+						+	+			+						+
赤嘴潜鸭 Netta rufina	+	+	+	+		+					+	+									
红头潜鸭 Aythya ferina	+	+	+	+							+	+									+
青头潜鸭 Aythya baeri	+	+	+	+							+	+									
白眼潜鸭 Aythya nyroca	+	+	+								+										

续表

物种	调查情况*			生境类型							行政区域										
	有照片	实地调查	有记录	水域湖区	草本沼泽	河流湿地	沼泽林地	农田林带	居民区	丘陵区	微山县	任城区	嘉祥县	金乡县	曲阜市	泗水县	汶上县	梁山县	兖州区	鱼台县	邹城市
凤头潜鸭 Aythya fuligula	+	+	+	+	+						+	+									
斑背潜鸭 Aythya marila	+	+	+	+							+	+									
鹊鸭 Bucephala clangula	+	+	+	+							+										
斑头秋沙鸭 Mergellus albellus	+	+	+	+	+						+	+									
普通秋沙鸭 Mergus merganser	+	+	+	+	+	+					+	+									
中华秋沙鸭 Mergus squamatus	+	+	+	+	+	+					+	+									
小䴙䴘 Tachybaptus ruficollis	+	+	+	+	+	+					+	+	+	+						+	
凤头䴙䴘 Podiceps cristatus	+	+	+	+	+						+		+								
大红鹳 Phoenicopterus roseus	+	+	+	+																	
山斑鸠 Streptopelia orientalis	+	+	+		+		+	+	+	+	+	+	+		+			+	+	+	
灰斑鸠 Streptopelia decaocto	+	+	+		+		+	+	+	+	+				+				+	+	+
火斑鸠 Streptopelia tranquebarica	+	+	+		+	+	+	+	+	+	+	+			+					+	
珠颈斑鸠 Streptopelia chinensis	+	+	+		+	+	+	+	+	+	+	+	+				+	+	+	+	
小鸦鹃 Centropus bengalensis	+	+	+		+						+										
小杜鹃 Cuculus poliocephalus	+	+	+								+			+							
四声杜鹃 Cuculus micropterus	+	+	+		+			+			+		+		+						
大杜鹃 Cuculus canorus	+	+	+			+	+	+			+	+									
指名亚种 C. c. canorus	+	+									+	+									
华西亚种 C. c. bakeri	+	+	+								+	+			+					+	
普通秧鸡 Rallus indicus	+	+	+		+						+										
白胸苦恶鸟 Amaurornis phoenicurus	+	+	+								+				+					+	
黑水鸡 Gallinula chloropus	+	+	+	+	+	+					+	+			+					+	
白骨顶 Fulica atra	+	+	+	+	+	+					+										
白鹤 Grus leucogeranus	+	+	+								+										
白枕鹤 Grus vipio	+	+	+								+										+
灰鹤 Grus grus	+	+	+								+										
黑翅长脚鹬 Himantopus himantopus	+	+	+								+	+								+	
反嘴鹬 Recurvirostra avosetta	+	+	+								+		+								
凤头麦鸡 Vanellus vanellus	+	+	+		+	+					+									+	
灰头麦鸡 Vanellus cinereus	+	+										+									

续表

物种	调查情况*			生境类型							行政区域										
	有照片	实地调查	有记录	水域湖区	草本沼泽	河流湿地	沼泽林地	农田林带	居民区	丘陵区	微山县	任城区	嘉祥县	金乡县	曲阜市	泗水县	汶上县	梁山县	兖州区	鱼台县	邹城市
金鸻 Pluvialis fulva	+	+	+								+										
长嘴剑鸻 Charadrius placidus	+	+	+								+										
金眶鸻 Charadrius dubius	+	+	+								+	+			+					+	
环颈鸻 Charadrius alexandrinus	+	+	+	+								+									
彩鹬 Rostratula benghalensis	+	+	+		+	+					+										
水雉 Hydrophasianus chirurgus	+	+	+	+	+						+	+									
针尾沙锥 Gallinago stenura	+	+	+		+						+										
大沙锥 Gallinago megala	+	+	+		+						+								+		
扇尾沙锥 Gallinago gallinago	+	+	+		+						+	+									
黑尾塍鹬 Limosa limosa	+	+	+		+						+										
斑尾塍鹬 Limosa lapponica	+	+	+		+						+								+		
中杓鹬 Numenius phaeopus	+	+	+		+	+					+										
白腰杓鹬 Numenius arquata	+	+	+		+	+					+	+									+
鹤鹬 Tringa erythropus	+	+	+		+						+								+		
红脚鹬 Tringa totanus	+	+	+		+						+								+		
泽鹬 Tringa stagnatilis	+	+	+								+								+		
青脚鹬 Tringa nebularia	+	+	+		+						+								+		
白腰草鹬 Tringa ochropus	+	+	+	+	+						+				+				+		
林鹬 Tringa glareola	+	+	+	+		+					+	+							+		
灰尾漂鹬 Tringa brevipes	+	+	+	+	+																
矶鹬 Actitis hypoleucos	+	+	+								+	+							+		
长趾滨鹬 Calidris subminuta	+	+																			
普通燕鸻 Glareola maldivarum	+	+	+		+	+					+	+									
红嘴鸥 Chroicocephalus ridibundus	+	+	+	+		+					+	+									
黑嘴鸥 Larus crassirostris	+	+	+								+	+									
白额燕鸥 Sternula albifrons	+	+	+	+							+	+									
普通燕鸥 Sterna hirundo	+	+	+	+	+						+	+									
灰翅浮鸥 Chlidonias hybrida	+	+	+	+	+						+	+									
白翅浮鸥 Chlidonias leucopterus	+	+	+	+							+	+									
东方白鹳 Ciconia boyciana	+	+	+			+										+					

续表

物种	调查情况*			生境类型							行政区域										
	有照片	实地调查	有记录	水域湖区	草本沼泽	河流湿地	沼泽林地	农田林带	居民区	丘陵区	微山县	任城区	嘉祥县	金乡县	曲阜市	泗水县	汶上县	梁山县	兖州区	鱼台县	邹城市
普通鸬鹚 Phalacrocorax carbo	+	+	+	+	+						+										
白琵鹭 Platalea leucorodia	+	+	+	+																	
大麻鳽 Botaurus stellaris	+	+	+		+	+					+	+									
黄斑苇鳽 Ixobrychus sinensis	+	+	+		+	+					+	+	+	+	+						
栗苇鳽 Ixobrychus cinnamomeus	+	+	+		+			+				+								+	
夜鹭 Nycticorax nycticorax	+	+	+		+	+	+		+		+	+	+		+				+		
绿鹭 Butorides striata	+	+	+			+					+				+						
池鹭 Ardeola bacchus	+	+	+		+	+	+				+	+	+		+					+	
牛背鹭 Bubulcus ibis	+	+	+		+	+	+				+	+			+						
苍鹭 Ardea cinerea	+	+	+	+	+	+	+	+			+	+								+	
草鹭 Ardea purpurea	+	+	+		+	+		+			+									+	
大白鹭 Ardea alba	+	+	+		+	+	+				+				+						
中白鹭 Ardea intermedia	+	+	+			+					+										
白鹭 Egretta garzetta	+	+	+	+	+	+		+			+	+			+					+	
鹗 Pandion haliaetus	+	+	+	+			+				+	+									
黑翅鸢 Elanus caeruleus	+	+	+		+	+	+	+			+	+									
凤头蜂鹰 Pernis ptilorhynchus	+	+	+							+											
秃鹫 Aegypius monachus	+	+	+								+						+				
苍鹰 Accipiter gentilis	+	+	+		+			+			+				+						
白腹鹞 Circus spilonotus	+	+	+		+		+					+									
白尾鹞 Circus cyaneus	+	+	+		+	+	+				+	+	+								
鹊鹞 Circus melanoleucos	+	+	+		+			+			+										
白尾海雕 Haliaeetus albicilla	+	+	+							+		+						+			
大鵟 Buteo hemilasius	+	+	+		+	+				+	+									+	
普通鵟 Buteo japonicus	+	+	+		+	+		+		+	+			+							
红角鸮 Otus sunia	+	+	+						+		+										
雕鸮 Bubo bubo	+	+	+						+	+	+				+					+	
纵纹腹小鸮 Athene noctua	+	+	+		+			+	+	+	+	+			+					+	
戴胜 Upupa epops	+	+	+		+	+		+			+	+	+		+						
三宝鸟 Eurystomus orientalis	+	+	+		+		+	+		+	+		+	+	+					+	

续表

物种	调查情况*			生境类型							行政区域										
	有照片	实地调查	有记录	水域湖区	草本沼泽	河流湿地	沼泽林地	农田林带	居民区	丘陵区	微山县	任城区	嘉祥县	金乡县	曲阜市	泗水县	汶上县	梁山县	兖州区	鱼台县	邹城市
蓝翡翠 Halcyon pileata	+		+	+							+										
普通翠鸟 Alcedo atthis	+	+	+	+	+	+	+				+	+	+		+					+	
斑鱼狗 Ceryle rudis	+	+	+	+	+	+					+	+	+		+						
蚁䴕 Jynx torquilla	+	+	+			+	+				+				+						
棕腹啄木鸟 Dendrocopos hyperythrus	+	+	+								+										
星头啄木鸟 Dendrocopos canicapillus	+	+	+		+	+	+				+	+			+						
大斑啄木鸟 Dendrocopos major	+	+	+		+	+	+	+	+	+	+	+	+		+					+	
灰头绿啄木鸟 Picus canus	+	+	+		+	+		+	+	+		+			+						
红隼 Falco tinnunculus	+	+	+		+	+	+	+	+	+	+	+			+						
红脚隼 Falco amurensis	+	+	+		+			+	+	+		+			+						+
游隼 Falco peregrinus	+	+	+		+						+										
黑枕黄鹂 Oriolus chinensis	+	+	+			+	+	+		+	+	+			+						
灰山椒鸟 Pericrocotus divaricatus	+	+	+									+			+						
黑卷尾 Dicrurus macrocercus	+	+	+		+	+	+	+	+	+	+	+	+		+						
虎纹伯劳 Lanius tigrinus	+	+	+			+		+	+		+	+									
红尾伯劳 Lanius cristatus	+	+	+					+	+	+	+	+	+								
指名亚种 L. c. cristatus	+	+	+								+	+	+						+		
普通亚种 L. c. lucionensis	+	+	+								+										
日本亚种 L. c. superciliosus	+	+	+																		
棕背伯劳 Lanius schach	+	+	+		+	+	+	+	+	+	+	+	+		+					+	
灰伯劳 Lanius excubitor	+	+	+								+										
楔尾伯劳 Lanius sphenocercus	+	+	+		+	+	+		+	+	+	+	+		+			+			
灰喜鹊 Cyanopica cyanus	+	+	+		+	+	+	+	+	+	+	+			+						
喜鹊 Pica pica	+	+	+		+	+	+	+	+	+	+	+	+		+					+	
小嘴乌鸦 Corvus corone	+	+	+		+	+		+	+	+	+	+			+						
白颈鸦 Corvus pectoralis	+	+	+		+	+		+	+		+										
大嘴乌鸦 Corvus macrorhynchos	+	+	+		+	+		+			+				+						
黄腹山雀 Pardaliparus venustulus	+	+	+		+	+	+								+						
大山雀 Parus cinereus	+	+	+		+	+	+	+	+	+	+	+	+		+					+	

续表

物种	调查情况*			生境类型							行政区域										
	有照片	实地调查	有记录	水域湖区	草本沼泽	河流湿地	沼泽林地	农田林带	居民区	丘陵区	微山县	任城区	嘉祥县	金乡县	曲阜市	泗水县	汶上县	梁山县	兖州区	鱼台县	邹城市
华北亚种 *P. c. minor*	+	+																			
华南亚种 *P. c. commixtus*	+	+																			
北方亚种 *P. c. kapustini*	+	+																			
中华攀雀 *Remiz consobrinus*	+	+	+				+				+	+									
云雀 *Alauda arvensis*	+	+	+					+			+	+									
棕扇尾莺 *Cisticola juncidis*	+	+	+		+	+					+	+	+								
纯色山鹪莺 *Prinia inornata*	+	+	+		+					+		+									
东方大苇莺 *Acrocephalus orientalis*	+	+	+			+				+		+									+
黑眉苇莺 *Acrocephalus bistrigiceps*	+	+	+			+		+		+				+							
家燕 *Hirundo rustica*	+	+	+			+		+	+		+	+	+		+						
金腰燕 *Cecropis daurica*	+	+	+	+		+		+	+		+				+						
普通亚种 *C. d. japonica*	+	+		+																	
西南亚种 *C. d. nipalensis*	+	+																			
领雀嘴鹎 *Spizixos semitorques*	+	+								+	+										
白头鹎 *Pycnonotus sinensis*	+	+	+		+	+	+	+		+	+	+	+		+				+		
褐柳莺 *Phylloscopus fuscatus*	+	+	+		+					+					+					+	
棕眉柳莺 *Phylloscopus armandii*	+	+	+		+					+											
黄腰柳莺 *Phylloscopus proregulus*	+	+	+			+					+				+						
黄眉柳莺 *Phylloscopus inornatus*	+	+	+			+	+				+	+									
远东树莺 *Horornis canturians*	+	+	+		+					+						+					
银喉长尾山雀 *Aegithalos glaucogularis*	+	+	+							+	+				+						
山鹛 *Rhopophilus pekinensis*	+	+	+									+									
棕头鸦雀 *Sinosuthora webbiana*	+	+	+		+	+		+			+	+			+				+		
震旦鸦雀 *Paradoxornis heudei*	+	+	+		+	+			+		+	+									
暗绿绣眼鸟 *Zosterops japonicus*	+	+	+			+	+				+				+						
画眉 *Garrulax canorus*	+	+	+								+										
黑脸噪鹛 *Garrulax perspicillatus*	+	+	+								+										
八哥 *Acridotheres cristatellus*	+	+	+			+		+	+		+	+			+						
丝光椋鸟 *Spodiopsar sericeus*	+	+	+				+	+	+	+	+				+						
灰椋鸟 *Spodiopsar cineraceus*	+	+	+			+			+		+										+

物种	调查情况*			生境类型							行政区域										
	有照片	实地调查	有记录	水域湖区	草本沼泽	河流湿地	沼泽林地	农田林带	居民区	丘陵区	微山县	任城区	嘉祥县	金乡县	曲阜市	泗水县	汶上县	梁山县	兖州区	鱼台县	邹城市
北椋鸟 Agropsar sturninus	+	+	+						+												
紫翅椋鸟 Sturnus vulgaris	+	+	+																		
橙头地鸫 Geokichla citrina	+	+	+		+						+										
白眉地鸫 Geokichla sibirica	+	+	+					+		+											
虎斑地鸫 Zoothera aurea	+	+	+		+			+							+						
乌鸫 Turdus mandarinus	+	+	+								+	+	+		+					+	
红尾斑鸫 Turdus naumanni	+	+	+		+		+				+				+			+			
斑鸫 Turdus eunomus	+	+	+		+		+		+		+							+			
红尾歌鸲 Larvivora sibilans	+	+	+				+				+										
红胁蓝尾鸲 Tarsiger cyanurus	+	+	+							+	+				+						
蓝额红尾鸲 Phoenicuropsis frontalis	+	+	+							+					+						
北红尾鸲 Phoenicurus auroreus	+	+	+		+	+			+		+				+						
黑喉石䳭 Saxicola maurus	+	+	+		+						+	+		+							
蓝矶鸫 Monticola solitarius	+	+	+		+	+			+		+				+					+	
北灰鹟 Muscicapa dauurica	+	+	+							+					+						
白眉姬鹟 Ficedula zanthopygia	+	+	+												+						
红喉姬鹟 Ficedula albicilla	+	+	+							+								+			
戴菊 Regulus regulus	+	+	+		+					+					+						
太平鸟 Bombycilla garrulus	+	+	+		+	+					+				+						
小太平鸟 Bombycilla japonica	+	+	+						+		+										
白腰文鸟 Lonchura striata	+	+	+					+		+	+									+	
山麻雀 Passer cinnamomeus	+	+	+			+	+	+		+	+				+						+
麻雀 Passer montanus saturatus	+	+	+			+	+	+	+		+				+						
山鹡鸰 Dendronanthus indicus	+	+	+						+		+										
西黄鹡鸰 Motacilla tschutschensis	+	+	+		+						+				+					+	
东北亚种 M. t. macronyx	+	+	+																		
台湾亚种 M. t. taivana	+	+	+		+																
黄头鹡鸰 Motacilla citreola	+	+	+					+	+		+										
灰鹡鸰 Motacilla cinerea	+	+	+			+		+	+		+				+					+	

续表

物种	调查情况*			生境类型							行政区域										
	有照片	实地调查	有记录	水域湖区	草本沼泽	河流湿地	沼泽林地	农田林带	居民区	丘陵区	微山县	任城区	嘉祥县	金乡县	曲阜市	泗水县	汶上县	梁山县	兖州区	鱼台县	邹城市
白鹡鸰 Motacilla alba	+	+	+	+	+	+			+		+	+	+		+				+	+	+
灰背眼纹亚种 M. a. ocularis	+	+																			
黑背眼纹亚种 M. a. lugens	+	+																			
普通亚种 M. a. leucopsis	+	+																			
东北亚种 M. a. baicalensis	+	+																			
树鹨 Anthus hodgsoni	+	+	+								+										
北鹨 Anthus gustavi	+	+	+								+										
黄腹鹨 Anthus rubescens	+	+	+			+					+										
水鹨 Anthus spinoletta	+	+	+								+								+		
燕雀 Fringilla montifringilla	+	+	+		+						+			+					+		
锡嘴雀 Coccothraustes coccothraustes	+	+	+				+	+			+			+					+		+
黑尾蜡嘴雀 Eophona migratoria	+	+	+								+	+									
黑头蜡嘴雀 Eophona personata	+	+	+								+				+						
黄雀 Spinus spinus	+	+	+								+	+			+						
金翅雀 Chloris sinica	+	+	+								+	+	+		+						
三道眉草鹀 Emberiza cioides	+	+	+								+										
小鹀 Emberiza pusilla	+	+	+								+										
黄眉鹀 Emberiza chrysophrys	+	+	+								+				+				+		
田鹀 Emberiza rustica	+	+	+								+		+								
黄喉鹀 Emberiza elegans	+	+	+								+										
黄胸鹀 Emberiza aureola	+	+	+								+										
灰头鹀 Emberiza spodocephala	+	+	+								+	+							+		
苇鹀 Emberiza pallasi	+	+	+			+					+										

*. 有照片为项目组拍到或观鸟爱好者、鸟类摄影爱好者在调查区拍到照片的鸟类；实地调查为项目组观察、记录到的鸟类；有记录为有关文献记录的鸟类。

4.4.1 水域湖区生境鸟类

南四湖湖区水域辽阔，气候适宜，水生生物丰富，为各种水禽的隐蔽、栖息、觅食和繁殖提供了良好的自然环境，同时，也是我国北方水禽重要的越冬栖息地和迁徙驿站。本次调查期间在自然水域附近的常见鸟类如下：鹳形目鹭科鸟类主要有苍鹭、草鹭、大白鹭、白鹭、池鹭、夜鹭、黄斑苇鳽、大麻鳽等，鸬鹚科主要有普通鸬鹚；鹤形目主要有黑水鸡、白骨顶、普通秧鸡等；鸻形目主要有黑翅长脚鹬、环颈鸻、金眶鸻、凤头麦鸡、白腰草鹬、水雉、青脚鹬、普通燕鸻、红嘴鸥、白额燕鸥、白翅浮鸥、灰翅浮鸥、黑尾鸥等；䴙䴘目主要有小䴙䴘、凤头䴙䴘；鹰形目主要有鹗。禁渔区鱼类资源丰富，冬季常聚集大量越冬水鸟，如鸭雁类等。

在南四湖航道水域生境栖息生活的鸟类有红嘴鸥、灰翅浮鸥等，这些喜欢跟随船只捕食、飞行的鸟类多呈季节性变化；养殖区水域为食鱼鸟类提供了优越的捕食环境，吸引了众多食鱼水鸟，常见的鸥类有红嘴鸥、黑尾鸥等，燕鸥类有白额燕鸥、灰翅浮鸥，鹭类有大白鹭、夜鹭、白鹭、池鹭、苍鹭等，以及俗称鱼鹰的捕鱼能手——鹰形目的鹗和隼形目的红隼等，在此区域觅食活动。养殖区水域的食物资源丰富了捕食鱼鸟类的生物多样性，同时，也捕食病弱鱼类，在控制鱼类的种群密度、减少鱼病等生态功能方面发挥着有益作用，但给渔民造成一定的经济损失，如何处理鱼类养殖与鸟类保护的矛盾是自然保护区面临的亟须解决的问题。

4.4.2 草本沼泽生境鸟类

南四湖草本沼泽主要为芦苇荡、河湖边杂草地、藕塘和水田等生境，这类湿地生境类型复杂多样，人类生产经济活动干扰较少，为鸟类栖息繁殖、越冬集群等活动提供了重要的栖息场所，不同沼泽草地、藕塘湿地的栖息地类型决定着不同季节在此栖息繁殖、越冬和迁徙的鸟类组成。

草本沼泽生境常见鸟类如下：雀形目以东方大苇莺、棕头鸦雀、震旦鸦雀、棕背伯劳、棕扇尾莺等小型种类数量多，鹤形目有黑水鸡、白骨顶等，雁形目有绿头鸭、斑嘴鸭、赤麻鸭、红头潜鸭、青头潜鸭等，鹳形目鹭科有苍鹭、白鹭、大白鹭、黄斑苇鳽等，以及鸻形目的红嘴鸥、黑尾鸥、白额燕鸥、灰翅浮鸥等。

芦苇荡中间斑块状分布的小型净水面为雁鸭类提供隐藏、庇护和捕食区域，多种越冬雁鸭类常隐藏其中，也为越冬的夜鹭、白鹭等鹭类提供了保暖休憩活动场所，成为其越冬集群活动的重要生境。隐蔽性强的沼泽草地、藕塘湿地生境，不仅在春、夏季为各种繁殖鸟类提供了栖息活动场所，还是水雉（图4.4）、黑翅长脚鹬等鸻鹬类繁殖期重要生境，而且在春、秋季节，更是迁徙过境的各种鸻鹬类水鸟休整的理想生境。

图 4.4　水雉

a、b、d. 水雉交配、与雏鸟活动觅食和群体，徐炳书 20110524 和 20110906、20110528 拍摄于微山湖；

c. 亲鸟带领雏鸟觅食活动，董宪法 20180724 拍摄于太白湖湿地公园

保护好大面积、少人为干扰的草本沼泽生境，能为鸟类提供良好的栖息、繁殖与觅食活动的生态

环境，将有助于提升南四湖自然保护区的科学研究与鸟类生态环境保护水平。除为鸟类提供了良好的栖息环境外，此类生境中的水生植物还发挥着重要的净化水质作用，对维持沿岸的水陆生态环境起到平衡的作用。

4.4.3 河流湿地生境鸟类

河流湿地（包括大运河及附近区域）中，河流中间为宽阔水面区域，两岸的滩涂及沿岸有的为芦苇沼泽地、有的为林地和农田，使得整体生境类型复杂多样，为不同生态类型的鸟类提供适宜的栖息地，形成较为复杂的河流湿地鸟类群。

本次调查期间，在河流水面区域常见的主要鸟类记录如下：雁形目有绿头鸭、斑嘴鸭、斑头秋沙鸭、普通秋沙鸭等，鸻形目有红嘴鸥、黑尾鸥、灰翅浮鸥、白额燕鸥等，鹈形目有白鹭、大白鹭、池鹭、苍鹭、黄斑苇鳽等，鹳形目仅有东方白鹳1种，鸽形目有山斑鸠、珠颈斑鸠等，隼形目有普通鵟等，以及白鹡鸰、喜鹊、棕背伯劳、白头鹎等雀形目鸟类。

4.4.4 沼泽林地生境鸟类

南四湖地区有较多大面积的成片树林与水域、沼泽地结合的环境，沼泽林地生境中的林区和林网为各种鸟类，如白鹭、夜鹭、池鹭、牛背鹭等水鸟，以及山斑鸠、珠颈斑鸠、火斑鸠、喜鹊、灰喜鹊、银喉长尾山雀、八哥、灰椋鸟、乌鸫、大山雀、白头鹎、红尾斑鸫等林鸟提供良好而安全的营巢繁殖与栖息活动生境，特别是微山湖国家湿地公园和太白湖湿地公园中的杨树、柳树林区，栖息着群落结构复杂的林鸟-水鸟鸟类群。

4.4.5 农田林带、丘陵区生境鸟类

南四湖地区的农田林带、丘陵区生境由于受针叶林和阔叶林地的林相类型和面积大小，以及人类生产经营活动的影响，栖息着群落结构相对简单的林鸟类群，主要为山斑鸠、珠颈斑鸠、喜鹊、灰喜鹊、大山雀、白头鹎、麻雀、燕雀等森林鸟类的活动栖息地。

4.4.6 居民区生境鸟类

南四湖地区的居民区分为城镇和乡村，其中城镇主要有房屋、街道，有的设计有一定面积的水塘、林地公园，但整体以建筑为主，乡村则多呈建筑融入自然环境的状态。居民区为伴人鸟类和适应性强的鸟类提供了良好的栖息环境，其中伴人鸟类为优势鸟种，形成"城市环境"鸟类群。

居民区鸟类群中，留鸟有麻雀、喜鹊、灰喜鹊、白头鹎、灰椋鸟、乌鸫、山斑鸠，夏候鸟主要为家燕、金腰燕、银喉长尾山雀，越冬期进入城镇活动的冬候鸟有燕雀等以及逃匿成功野外生存的八哥等。

4.4.7 不同生境类型鸟类分布特点

鸟类的群落结构是适应不同生境类型演化的结果，微生境的变化与生境景观类型改观将直接影响鸟类群落结构的变化与演替。南四湖地区鸟类生境类型分布的调查结果见表4.4及图4.5。

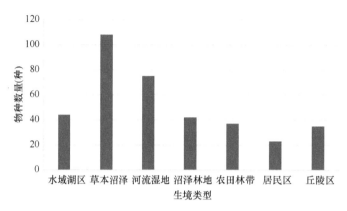

图 4.5 不同生境类型鸟类物种分布

图 4.5 表明，以湖区为基础的不同类型湿地生境是影响并决定当地鸟类生态分布的重要生境类型，保护好足够面积的这些生境类型，不仅有助于鸟类的栖息生存与繁衍，提高群落的物种多样性，还有助于沼泽湿地发挥对入湖水质的净化作用，有利于湖区的生态平衡与经济社会的和谐发展。人类活动频繁的农田林带和居住区，主要以伴人鸟种为主，这种鸟类群结构种数少但单种数量大，如夏候鸟家燕、金腰燕和留鸟麻雀、喜鹊、灰喜鹊、白头鹎等，少则几百只多达数千只。

4.4.8 行政区域鸟类分布特点

本次调查中，太白湖湿地公园是从南阳湖人工分离形成的风景区，行政区域归属济宁市任城区，因此数据统计为任城区。另外，由于微山县（167 种）、任城区（98 种）和鱼台县（48 种）所处地理位置属于南四湖地区，所以将这 3 个县区鸟类分布算作南四湖地区鸟类分布，共调查到鸟类 185 种，其余 6 个县区共调查到 112 种鸟类，其中曲阜市有 79 种。

按鸟种的多少排序，前 4 位依次为微山县、任城区、曲阜市、鱼台县（表 4.4，图 4.6），结合生境类型分析，曲阜市离湖区较远，且有孔庙和孔林等大面积的树林生境，林鸟较丰富，其余 3 个县区因毗邻湖区鸟种数量也较多。由此可见，南四湖地区鸟类分布在济宁地区占有举足轻重的地位。

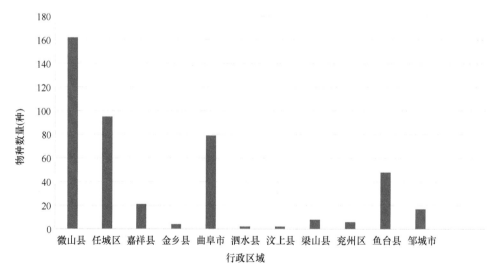

图 4.6 行政区域鸟类分布概况

其余县（市、区）鸟种分布较少，主要与以下因素有关：没有进行过专业调查或不注重专业调查历史资料的保存；群众生活水平较低，环境保护意识有待进一步提高，爱鸟及观鸟、拍鸟活动的开展不够深入广泛；信息沟通不到位，项目组未进行调查，也未能及时征集到群众手中的照片等。同时，也说明这些县（市、区）需要加强生物多样性本底调查与生物多样性监测，为今后自然环境与人类社会的和谐发展提供有价值的科学数据，这些数据有助于比较分析人类不同生活方式与经济开发活动对当地自然生态平衡发展的作用，以便选择更好的模式促进经济社会与自然生态平衡协调持续而和谐地进行。

随着群众生活水平和环保意识的提高，很多人能够自觉地与林业部门、动物园配合，参与救助秃鹫、白尾海鹛、东方白鹳 *Ciconia boyciana* 等国家级保护鸟类，并观察、拍摄到南四湖多种鸟类新记录（赛道建等，2020）。毫无疑问，新记录照片鸟种的发现是由专业调查与群众性观鸟、拍鸟活动相结合而取得的结果，观鸟爱好者提供的照片是本次鸟类资源分布调查的有力补充，新记录鸟种照片证实了物种分布情况的最新现状，也是鸟类资源分布调查难以取代的一种途径，但有的新记录物种在当地野外的生存状况还需要继续跟踪观察，进行深入研究。

分布新记录种需要进一步研究确定其真实来源，如果是鸟类自然扩散造成的，需要进一步研究其扩散原因，如果是人工盲目引进、逃匿或放生造成的，则需要评估其适应环境后的生态作用，是否符合放生的要求，是否造成生物入侵。总之，对于分布新记录种均需要进一步跟踪监测、研究其对南四湖地区鸟类及其他原有物种生存的影响，评估分布新记录种的环境与生态作用。

4.5 南四湖地区有标本、照片鸟类分布

本次调查，为获得有利证据以确认鸟类分布的现状，除查阅、核对文献记录的标本并进行标本拍照外，还利用"爱鸟周"宣传活动，举办南四湖鸟类摄影大赛，利用现代信息平台广泛征集近年来观鸟爱好者所拍到南四湖地区分布鸟类的照片。征集到的照片与项目组调查期间拍摄的照片中，有 3000 多张用以进行南四湖分布鸟类的物种鉴定，共获得南四湖地区分布的有标本鸟类 185 种 2 亚种（包括查验到标本和标本记录），野外拍到照片的鸟类有 212 种 19 亚种，既有标本又有照片的 141 种 2 亚种，只有标本而无照片的 44 种，只有照片的 71 种 17 亚种；其余的为只有文献资料而无物证的名称记录。

主要拍摄者拍摄鸟类野外和标本的照片按月份统计，用以评估当地鸟类的居留型，统计结果见表 4.5；标本采集与体尺数据、拍到照片鸟类分布的实际情况，详见《南四湖地区鸟类图鉴》（赛道建等，2020）、《山东鸟类志》（赛道建，2017）。

4.5.1 南四湖地区有标本、照片的鸟类分布

表 4.4 与表 4.5 表明，有标本或照片的南四湖地区分布鸟类共 268 种（含亚种），曾经采到标本的有 187 种（含亚种），2004 年以来拍到照片的鸟类有 231 种（含亚种），照片记录鸟种比标本记录鸟种多了 44 种（含亚种），既有标本又有照片的 143 种（含亚种），虽有标本记录而近年来未曾拍到照片的 44 种，近年来拍到照片而未曾采到标本的 88 种（含亚种）。

这些鸟类的标本、照片，有的为鸟类区系研究提供了历史记录、分布现状的物证，有的则是当地鸟类新分布记录的物证。特别是广大观鸟爱好者发现拍摄到的鸟类照片，为当地鸟类生物多样性的深入研究与监测奠定群众基础，也是专业调查很好的支撑和补充，这是科普与环境保护教育深入人心，提升群众参与鸟类生态环境保护积极性的结果。广泛而深入地开展观鸟、拍鸟活动有助于促进生物多样性环境监测的深入、广泛的开展，有助于提高全民生态保护的素质与水平。群众性鸟类观测与监测走向正规化、规范化，与专业监测有机结合将大大提升生物多样性监测的效率，满足大数据分析对全息有效数据采集的需要，应成为保护区生物多样性监测的一项基础而重要的工作。

表 4.5　南四湖地区鸟类标本及照片记录

物种	标本和照片	1	2	3	4	5	6	7	8	9	10	11	12	照片月数
石鸡 Alectoris chukar	●													
中华鹧鸪 Francolinus pintadeanus	●													
鹌鹑 Coturnix japonica	●													
环颈雉 Phasianus colchicus	◉	+		+	+		+	+	+	+	+	+	+	10
华东亚种 P. c. torquatus	◎	+			+		+	+	+	+	+	+		8
河北亚种 P. c. karpowi	◎			+	+					+			+	4
贵州亚种 P. c. decollatus	◎						+							1
鸿雁 Anser cygnoid	◎	+												1
豆雁 Anser fabalis	◎	+												1
短嘴豆雁 Anser serrirostris	●	+		+								+		4
白额雁 Anser albifrons	◎								+		+			2
小白额雁 Anser erythropus	◎	+												1
小天鹅 Cygnus columbianus	◎	+		+										2
大天鹅 Cygnus cygnus	◎	+												1
翘鼻麻鸭 Tadorna tadorna	◎	+									+			2
赤麻鸭 Tadorna ferruginea	◎	+	+								+		+	4
鸳鸯 Aix galericulata	◎			+										1
棉凫 Nettapus coromandelianus	◎					+								1
赤膀鸭 Mareca strepera	◎	+									+	+	+	4
罗纹鸭 Mareca falcata	◎			+									+	2
赤颈鸭 Mareca penelope	●													
绿头鸭 Anas platyrhynchos	◎	+		+	+	+	+			+	+		+	7
斑嘴鸭 Anas zonorhyncha	◎	+	+	+	+	+	+	+	+		+	+	+	11
针尾鸭 Anas acuta	◎	+	+		+	+		+	+		+			5
绿翅鸭 Anas crecca	◎	+		+								+	+	4
琵嘴鸭 Spatula clypeata	◎			+							+	+		2
白眉鸭 Spatula querquedula	◎			+	+									2
花脸鸭 Sibirionetta formosa	◎	+												1
赤嘴潜鸭 Netta rufina	◎										+			1
红头潜鸭 Aythya ferina	◉										+		+	2

续表

物种	标本和照片	照片拍摄与标本采集月份												照片月数
		1	2	3	4	5	6	7	8	9	10	11	12	
青头潜鸭 Aythya baeri	●◎	+			+								+	3
白眼潜鸭 Aythya nyroca	◎										+			1
凤头潜鸭 Aythya fuligula	●◎	+								+		+	+	4
斑背潜鸭 Aythya marila	◎											+		1
黑海番鸭 Melanitta americana	●													1
鹊鸭 Bucephala clangula	●◎		+											3
斑头秋沙鸭 Mergellus albellus	●◎	+	+										+	3
普通秋沙鸭 Mergus merganser	●◎	+	+	+									+	4
中华秋沙鸭 Mergus squamatus	◎											+		1
小䴙䴘 Tachybaptus ruficollis	●◎	+	+	+	+	+	+	+	+	+	+		+	11
凤头䴙䴘 Podiceps cristatus	●◎	+	+	+	+	+	+	+	+	+	+	+	+	10
大红鹳 Phoenicopterus roseus	◎											+	+	1
山斑鸠 Streptopelia orientalis	●◎	+	+	+	+	+	+	+	+	+	+		+	11
灰斑鸠 Streptopelia decaocto	◎									+				1
火斑鸠 Streptopelia tranquebarica	●◎					+	+	+	+		+			5
珠颈斑鸠 Streptopelia chinensis	●◎	+		+	+		+	+	+	+		+	+	9
普通夜鹰 Caprimulgus indicus	●													3
普通雨燕 Apus apus pekinensis	●								+					1
小鸦鹃 Centropus bengalensis	◎						+	+	+					3
小杜鹃 Cuculus poliocephalus	◎					+								1
四声杜鹃 Cuculus micropterus	●					+	+			+				3
中杜鹃 Cuculus saturatus	●					+								5
大杜鹃 Cuculus canorus	●◎					+	+	+	+	+				5
华西亚种 C. c. bakeri	◎							+	+	+				5
指名亚种 C. c. canorus	●						+							1
大鸨 Otis tarda dybowskii	●◎				+							+		2
普通秧鸡 Rallus indicus	●													2
小田鸡 Zapornia pusilla	◎									+				1
红胸田鸡 Zapornia fusca	◎						+							1
白胸苦恶鸟 Amaurornis phoenicurus	●◎				+	+				+				5

续表

物种	标本和照片	1	2	3	4	5	6	7	8	9	10	11	12	照片月数
董鸡 *Gallicrex cinerea*	●							+						
黑水鸡 *Gallinula chloropus*	◎●	+	+	+	+	+	+	+	+	+	+		+	11
白骨顶 *Fulica atra*	◎●	+	+	+	+		+	+					+	6
白鹤 *Grus leucogeranus*	◎				+									1
白枕鹤 *Grus vipio*	◎●	+										+		1
灰鹤 *Grus grus*	◎●	+												1
白头鹤 *Grus monacha*	●													
黑翅长脚鹬 *Himantopus himantopus*	◎	+		+	+	+	+	+	+					7
反嘴鹬 *Recurvirostra avosetta*	◎●			+	+		+							2
凤头麦鸡 *Vanellus vanellus*	◎●	+		+	+	+	+	+				+	+	5
灰头麦鸡 *Vanellus cinereus*	◎			+										1
金鸻 *Pluvialis fulva*	◎					+								1
长嘴剑鸻 *Charadrius placidus*	●									+				
金眶鸻 *Charadrius dubius*	◎●			+		+	+	+						5
环颈鸻 *Charadrius alexandrinus*	◎●	+		+		+				+	+	+		3
东方鸻 *Charadrius veredus*	●													1
彩鹬 *Rostratula benghalensis*	◎	+												1
水雉 *Hydrophasianus chirurgus*	●●					+	+	+	+					4
丘鹬 *Scolopax rusticola*	●													
针尾沙锥 *Gallinago stenura*	●●			+	+	+	+							3
大沙锥 *Gallinago megala*	◎●				+	+			+					3
扇尾沙锥 *Gallinago gallinago*	◎●			+	+					+				3
黑尾塍鹬 *Limosa limosa*	◎●				+	+	+							2
斑尾塍鹬 *Limosa lapponica*	◎					+								1
小杓鹬 *Numenius minutus*	●									+				
中杓鹬 *Numenius phaeopus*	◎●				+	+								1
白腰杓鹬 *Numenius arquata*	◎●					+								1
鹤鹬 *Tringa erythropus*	◎					+	+							4
红脚鹬 *Tringa totanus*	◎●			+		+							+	3
泽鹬 *Tringa stagnatilis*	◎				+									1

照片拍摄与标本采集月份

续表

物种	标本和照片	1	2	3	4	5	6	7	8	9	10	11	12	照片月数
青脚鹬 *Tringa nebularia*	●				+	+					+			3
白腰草鹬 *Tringa ochropus*	●	+	+	+	+	+				+	+		+	8
林鹬 *Tringa glareola*	●			+	+	+								2
灰尾漂鹬 *Tringa brevipes*	◎				+	+								1
矶鹬 *Actitis hypoleucos*	◎				+	+			+				+	4
长趾滨鹬 *Calidris subminuta*	◎					+				+				2
黄脚三趾鹑 *Turnix tanki*	●										+			3
普通燕鸥 *Glareola maldivarum*	◎		+		+	+	+			+	+	+		8
红嘴鸥 *Chroicocephalus*	◎			+		+				+			+	1
黑尾鸥 *Larus crassirostris*	◎			+										1
白额燕鸥 *Sternula albifrons*	◎								+					5
普通燕鸥 *Sterna hirundo*	◎				+	+	+	+	+	+	+			7
灰翅浮鸥 *Chlidonias hybrida*	◎					+	+	+	+	+	+			2
白翅浮鸥 *Chlidonias leucopterus*	◎			+		+		+						
黑鹳 *Ciconia nigra*	●													
东方白鹳 *Ciconia boyciana*	◎			+	+		+				+		+	3
普通鸬鹚 *Phalacrocorax carbo*	◎	+	+	+	+						+	+	+	6
白琵鹭 *Platalea leucorodia*	◎			+										2
大麻鳽 *Botaurus stellaris*	◎	+	+			+				+			+	5
黄斑苇鳽 *Ixobrychus sinensis*	◎				+	+	+		+	+	+			6
紫背苇鳽 *Ixobrychus eurhythmus*	●						+							
栗苇鳽 *Ixobrychus cinnamomeus*	◎						+		+					2
夜鹭 *Nycticorax nycticorax*	◎	+	+	+	+	+	+		+	+	+	+	+	12
绿鹭 *Butorides striata*	◎						+							1
池鹭 *Ardeola bacchus*	●			+	+		+		+	+	+			8
牛背鹭 *Bubulcus ibis*	●	+		+	+				+		+			3
苍鹭 *Ardea cinerea jouyi*	●	+	+	+	+	+	+		+	+	+		+	10
草鹭 *Ardea purpurea*	◎		+	+	+				+	+	+			8
大白鹭 *Ardea alba*	◎		+	+	+		+		+	+	+		+	9
中白鹭 *Ardea intermedia*	◎		+		+		+		+					5

续表

物种	标本和照片	照片拍摄与标本采集月份												照片月数
		1	2	3	4	5	6	7	8	9	10	11	12	
白鹭 Egretta garzetta	◎	+	+	+	+	+	+	+	+	+	+	+	+	12
鹗 Pandion haliaetus	◎												+	1
黑翅鸢 Elanus caeruleus	◎	+		+			+						+	3
凤头蜂鹰 Pernis ptilorhynchus	◎	+				+								1
秃鹫 Aegypius monachus	◎												+	1
松雀鹰 Accipiter virgatus	●													
雀鹰 Accipiter nisus	●													
苍鹰 Accipiter gentilis	◎	+											+	2
白腹鹞 Circus spilonotus	◎										+		+	2
白尾鹞 Circus cyaneus	●				+						+		+	3
鹊鹞 Circus melanoleucos	●									+				1
黑鸢 Milvus migrans	●													
白尾海雕 Haliaeetus albicilla	◎		+											1
大鵟 Buteo hemilasius	●												+	1
普通鵟 Buteo japonicus	◎	+	+	+	+					+	+	+	+	8
红角鸮 Otus sunia	●									+				1
雕鸮 Bubo bubo	●	+												1
纵纹腹小鸮 Athene noctua	●						+		+					2
长耳鸮 Asio otus	●										+			
短耳鸮 Asio flammeus	●			+		+								
戴胜 Upupa epops	◎		+	+	+	+	+	+	+	+	+		+	10
三宝鸟 Eurystomus orientalis	●						+						+	1
蓝翡翠 Halcyon pileata	●									+				1
普通翠鸟 Alcedo atthis	●				+	+	+	+		+		+	+	7
冠鱼狗 Megaceryle lugubris	●								+					
斑鱼狗 Ceryle rudis	◎	+		+		+			+				+	5
蚁䴕 Jynx torquilla	●			+		+								1
棕腹啄木鸟 Dendrocopos hyperythrus	●	+	+	+		+		+		+		+	+	1
星头啄木鸟 Dendrocopos canicapillus	◎					+		+		+		+	+	10
大斑啄木鸟 Dendrocopos major	◎	+	+	+		+		+			+	+	+	8

续表

物种	标本和照片	照片拍摄与标本采集月份												照片月数
		1	2	3	4	5	6	7	8	9	10	11	12	
灰头绿啄木鸟 Picus canus	◎			+							+		+	3
红隼 Falco timunculus	◎●	+		+				+			+		+	5
红脚隼 Falco amurensis	◎					+		+			+			2
游隼 Falco peregrinus	◎	+												1
黑枕黄鹂 Oriolus chinensis	●◎					+	+	+	+					4
灰山椒鸟 Pericrocotus divaricatus	●◎						+	+		+				1
黑卷尾 Dicrurus macrocercus	●◎					+	+	+	+	+	+			6
发冠卷尾 Dicrurus hottentottus	●													
寿带鸟 Terpsiphone incei	●					+								1
虎纹伯劳 Lanius tigrinus	●◎					+								
红尾伯劳 Lanius cristatus	◎													
指名亚种 L. c. cristatus	●◎				+		+	+	+		+			5
普通亚种 L. c. lucionensis	◎				+	+	+	+	+					5
日本亚种 L. c. superciliosus	◎							+						1
棕背伯劳 Lanius schach	●	+	+	+	+	+	+	+	+	+	+	+	+	12
灰伯劳 Lanius excubitor	◎									+	+			1
楔尾伯劳 Lanius sphenocercus	●◎		+									+	+	1
灰喜鹊 Cyanopica cyanus	●◎			+	+		+		+	+			+	7
喜鹊 Pica pica	●◎	+	+	+	+	+	+			+	+	+	+	11
达乌里寒鸦 Corvus dauuricus	●													
秃鼻乌鸦 Corvus frugilegus	●	+		+									+	3
小嘴乌鸦 Corvus corone	●◎	+		+								+		1
白颈鸦 Corvus pectoralis	●◎											+		2
大嘴乌鸦 Corvus macrorhynchos	●◎		+									+		2
黄腹山雀 Pardaliparus venustulus	●◎			+									+	2
大山雀 Parus cinereus	●◎	+	+		+	+	+			+	+	+	+	9
华北亚种 P. c. minor	◎	+			+	+				+	+	+	+	9
华南亚种 P. c. commixtus	◎	+										+		3
北方亚种 P. c. kapustini	◎	+												1
中华攀雀 Remiz consobrinus	◎		+					+						2

续表

物种	标本和照片	1	2	3	4	5	6	7	8	9	10	11	12	照片月数
凤头百灵 Galerida cristata	●											+		1
云雀 Alauda arvensis	●◎						+							1
棕扇尾莺 Cisticola juncidis	◎						+	+						2
纯色山鹪莺 Prinia inornata	◎							+				+		2
东方大苇莺 Acrocephalus orientalis	●◎					+	+	+	+					4
黑眉苇莺 Acrocephalus bistrigiceps	◎										+			1
家燕 Hirundo rustica	●◎				+	+	+	+	+		+			7
金腰燕 Cecropis daurica	●◎					+	+	+					+	4
普通亚种 C. d. japonica	●◎					+	+	+					+	3
西南亚种 C. d. nipalensis	◎						+							1
领雀嘴鹎 Spizixos semitorques	◎			+										1
白头鹎 Pycnonotus sinensis	●◎		+	+	+	+	+	+	+	+	+		+	10
褐柳莺 Phylloscopus fuscatus	◎				+						+			2
棕眉柳莺 Phylloscopus armandii	◎				+									1
黄腰柳莺 Phylloscopus proregulus	◎		+										+	2
黄眉柳莺 Phylloscopus inornatus	◎				+						+			2
远东树莺 Horornis canturians	◎						+							1
银喉长尾山雀 Aegithalos glaucogularis	◎	+	+	+	+	+	+			+	+		+	9
山鹛 Rhopophilus pekinensis	◎											+		1
棕头鸦雀 Sinosuthora webbiana	◎	+	+	+	+	+	+							6
震旦鸦雀 Paradoxornis heudei	◎	+	+	+	+	+	+	+	+	+		+	+	9
红胁绣眼鸟 Zosterops erythropleurus	●					+								1
暗绿绣眼鸟 Zosterops japonicus	●◎				+									1
画眉 Garrulax canorus	◎		+											1
黑脸噪鹛 Garrulax perspicillatus	◎	+												1
八哥 Acridotheres cristatellus	●◎	+	+	+	+	+	+	+						6
丝光椋鸟 Spodiopsar sericeus	◎				+	+		+	+					4
灰椋鸟 Spodiopsar cineraceus	●◎		+	+	+	+	+	+		+	+		+	9
北椋鸟 Agropsar sturninus	●◎						+							1
紫翅椋鸟 Sturnus vulgaris	◎	+												1

续表

物种	标本和照片	\multicolumn{12}{c}{照片拍摄与标本采集月份}	照片月数
		1	2	3	4	5	6	7	8	9	10	11	12	
橙头地鸫 Geokichla citrina	◎					+								1
白眉地鸫 Geokichla sibirica	●●					+								1
虎斑地鸫 Zoothera aurea	●●			+										1
乌鸫 Turdus mandarinus	◎	+	+	+	+	+	+		+	+		+	+	11
白眉鸫 Turdus obscurus	●													
白腹鸫 Turdus pallidus	●													
红尾斑鸫 Turdus naumanni	◎◎			+									+	2
斑鸫 Turdus eunomus	◎◎	+		+	+								+	4
红尾歌鸲 Larvivora sibilans	◎											+		1
蓝歌鸲 Larvivora cyane	●													
红胁蓝尾鸲 Tarsiger cyanurus	◎				+									1
蓝额红尾鸲 Phoenicuropsis frontalis		+												1
北红尾鸲 Phoenicurus auroreus	◎	+		+	+	+	+			+		+		7
黑喉石鵖 Saxicola maurus	◎				+	+					+			3
蓝矶鸫 Monticola solitarius	◎					+				+				2
白喉矶鸫 Monticola gularis	●													
乌鹟 Muscicapa sibirica	◎				+									
北灰鹟 Muscicapa dauurica	◎				+			+		+				3
白眉姬鹟 Ficedula zanthopygia	◎					+								1
鸲姬鹟 Ficedula mugimaki	●	+												
红喉姬鹟 Ficedula albicilla	◎			+		+								1
白腹蓝鹟 Cyanoptila cyanomelana	●			+										
戴菊 Regulus regulus japonensis	◎					+	+							1
太平鸟 Bombycilla garrulus	◎	+												1
小太平鸟 Bombycilla japonica	◎	+		+										2
白腰文鸟 Lonchura striata	◎				+				+					2
山麻雀 Passer cinnamomeus	◎							+		+		+		5
麻雀 Passer montanus	◎◎	+	+	+	+	+	+	+	+	+	+	+	+	12
山鹡鸰 Dendronanthus indicus	◎					+	+							2
西黄鹡鸰 Motacilla flava	◎					+								1

续表

物种	标本和照片	\	照片拍摄与标本采集月份 1	2	3	4	5	6	7	8	9	10	11	12	照片月数
黄鹡鸰 Motacilla tschutchensis	●◎					+	+								2
台湾亚种 M. t. taivana	◎						+								1
东北亚种 M. t. macronyx	◎					+	+								2
黄头鹡鸰 Motacilla citreola	◎◎					+	+								1
灰鹡鸰 Motacilla cinerea	●◎					+	+								2
白鹡鸰 Motacilla alba	●◎		+	+	+	+	+	+	+	+		+	+	+	11
东北亚种 M. a. baicalensis	●◎		+	+	+	+	+	+	+	+		+	+	+	11
灰背眼纹亚种 M. a. ocularis	◎				+		+								2
黑背眼纹亚种 M. a. lugens	◎				+										1
普通亚种 M. a. leucopsis	◎			+	+	+	+	+		+					6
田鹨 Anthus richardi	●														
树鹨 Anthus hodgsoni	●◎			+		+						+		+	4
北鹨 Anthus gustavi	◎			+											1
黄腹鹨 Anthus rubescens	◎			+											1
水鹨 Anthus spinoletta	◎					+							+	+	3
燕雀 Fringilla montifringilla	●◎				+								+	+	4
锡嘴雀 Coccothraustes coccothraustes	●◎			+											1
黑尾蜡嘴雀 Eophona migratoria	●◎		+		+	+	+	+			+		+	+	9
黑头蜡嘴雀 Eophona personata	●◎			+		+	+	+						+	5
红腹灰雀 Pyrrhula pyrrhula	●														
灰腹灰雀 Pyrrhula griseiventris	●														
普通朱雀 Carpodacus erythrinus	●														
金翅雀 Chloris sinica	●◎		+		+	+	+		+	+				+	9
黄雀 Spinus spinus	●◎					+									1
铁爪鹀 Calcarius lapponicus	●														
三道眉草鹀 Emberiza cioides	●◎			+		+		+							3
小鹀 Emberiza pusilla	●◎		+		+							+	+		4
黄眉鹀 Emberiza chrysophrys	◎			+	+										3
田鹀 Emberiza rustica	◎		+											+	1
黄喉鹀 Emberiza elegans	●◎			+	+									+	4

续表

物种	标本和照片	照片拍摄与标本采集月份												照片月数
		1	2	3	4	5	6	7	8	9	10	11	12	
黄胸鹀 Emberiza aureola	●◎									+				2
栗鹀 Emberiza rutila	●				+									
灰头鹀 Emberiza spodocephala	◎			+	+	+							+	4
苇鹀 Emberiza pallasi	◎					+								1
芦鹀 Emberiza schoeniclus	●													

注：●表示有标本，包括有文献记录，保存在济宁一中、济宁林木保护站和山东师范大学生命科学学院等单位的标本[标本照片，体尺数据由济宁一中老师张保元提供，详见《山东鸟类志》（赛道建，2017）]与本次调查期间获得过的标本（包括林业部门救助与查捕获的鸟种），月份为标本标签注明的月份，标签注明年份者有赛道建、吕艳、陈保成、楚贵元、董贵元、杜文东、葛强、韩汝爱、华宏立、李令强、李阳、刘兆普、马士胜、聂成林、沈波、宋泽远、孙喜娇、赵立、李茜、李海军、李捷、刘均峰、马祥秋、来旭、孙祥涛、杨红、杨立、王利宾、王利宾、张建、张勇、马丽、刘均峰、吴广庆、马祥秋、赵令和索洪美等，还有李宏、赵令和索洪美等；◎为在野外拍到照片的鸟类。照片提供者有赛道建、张月侠、张月侠、刘均峰、马祥秋、吴广庆、马丽、刘均峰、张跃民等提供的照片因缺少时间、地点信息与鸟类群落生态分布演化有关信息而未被采用。详见《南四湖地区鸟类图鉴》（赛道建等，2020）。

4.5.2 南四湖地区有标本鸟类分布

南四湖地区有标本鸟类185种2亚种（表4.5），包括有文献记录的、调查期间查验标本并拍摄照片的、有救助驯养与标记追踪放飞的，以及野外或市场上发现的偷猎个体所有种类。

有文献记录的标本有的由于种种原因无法查验到标本，而无法考证其存在的真实性，有的为本次调查期间查验到的标本，即现保存在济宁一中、济宁市森林保护站标本室中的标本（保存数据信息的标本照片均由济宁一中张保元老师提供）；山东师范大学保存的标本[有关数据由赛道建和刘腾腾提供，详见《山东鸟类志》（赛道建，2017）]。在南四湖地区鸟类资源分布调查期间，当地林业部门，如汶上县林业局近年来救助的白尾海雕、秃鹫，微山县林业局救助并标记放飞追踪的东方白鹳等，以及部分偷猎的标本，因均有照片而作为"标本鸟类"分布现状的实证记录（表4.4，表4.5）。

有44种鸟种有标本记录而未能征集到照片，这种情况主要有以下几种原因：既未查到标本，又无标本详细信息的标本记录，如纪加义等（1986）、济宁市林木保护站（1985）有标本新记录黑海番鸭 *Melanitta americana*；有些鸟在当地多年没有被报道过，可能已经消失，分布现状应视为无分布，如朱鹮、中华鹧鸪；有些鸟种尚不能认为它们在当地已经消失，因为在邻近的山东其他地区仍有分布，但本次调查却未能调查到，可能是由于工作不够深入、广泛而没有调查到，也可能是由于种群数量稀少或活动隐秘而遇见率极低，如石鸡、小田鸡、黄脚三趾鹑 *Turnix tanki*、鹌鹑、普通雨燕 *Apus apus*、普通夜鹰 *Caprimulgus indicus*、大鸨、董鸡、白头鹤 *Grus monacha*、东方鸻 *Charadrius veredus*、丘鹬 *Scolopax rusticola*、小杓鹬 *Numenius minutus*、黑鹳、紫背苇鳽 *Ixobrychus eurhythmus*、松雀鹰 *Accipiter virgatus*、雀鹰 *Accipiter nisus*、黑鸢 *Milvus migrans*、雕鸮 *Bubo bubo*、长耳鸮、冠鱼狗 *Megaceryle lugubris*、发冠卷尾 *Dicrurus hottentottus*、寿带鸟 *Terpsiphone incei*、达乌里寒鸦 *Corvus dauuricus*、秃鼻乌鸦 *Corvus frugilegus*、红胁绣眼鸟 *Zosterops erythropleurus*、暗绿绣眼鸟 *Zosterops japonicus*、白眉鸫 *Turdus obscurus*、白腹鸫 *Turdus pallidus*、蓝歌鸲 *Larvivora cyane*、白喉矶鸫 *Monticola gularis*、乌鹟 *Muscicapa sibirica*、鸲姬鹟 *Ficedula mugimaki*、白腹蓝鹟 *Cyanoptila cyanomelana*、田鹨 *Anthus richardi*、红腹灰雀 *Pyrrhula pyrrhula*、普通朱雀 *Carpodacus erythirnus*、铁爪鹀 *Calcarius lapponicus*、栗鹀 *Emberiza rutila*、芦鹀 *Emberiza schoeniclus* 等，需要通过增加调查强度、扩大监测广度、调整监测方法等手段来适应这些鸟类的活动规律，才能进一步确认它们在南四湖分布现状的实际情况。

4.5.3 南四湖地区有标本、照片鸟种类的季节性变化

南四湖地区鸟类资源分布调查期间，项目组拍摄和收集当地观鸟爱好者、鸟类摄影爱好者提供的鸟类照片共2316张，照片经鉴定有鸟类212种19亚种（表4.5），这些鸟类照片，有的是文献记录，有的是近年来拍摄到的当地鸟类新分布记录。鸟类分布新记录如果是自然扩散造成的则为地球变暖引起鸟类扩散提供了有力证据，如人为因素，再如宠物驯养或不当引进造成的，则需加强监测性研究有助于评估其生态作用，以推动保护区科学规划南四湖生态环境的保护。

广大观鸟爱好者提供的鸟类数据，为当地鸟类生物多样性的深入研究与监测奠定了群众基础，也是专业调查很好的支撑和补充，这是科普教育深入人心的体现，也是群众参与生态环境保护积极性提升的结果。群众性观鸟、拍鸟活动的举办有助于生物多样性及生态环境监测更广泛、深入地开展，有助于全民生态保护意识与水平的提高，同时还能促进群众性鸟类观测与监测走向正规化、规范化，为信息化大数据分析提供真实有效的数字化影像数据。

依据表4.5，结合南四湖鸟类照片的拍摄时间及标本的采集时间和鸟类的活动规律，以不同月份分为几种活动期，如5～7月为繁殖期，11月至翌年1月为越冬期，8～10月和2～4月为迁徙期。以活动期确定鸟类的季节型，结果为留鸟54种、夏候鸟62种、旅鸟111种、冬候鸟27种、迷鸟2种。

南四湖地区照片与标本鸟种年周期数量变化情况如图 4.7 所示,物种数量曲线与鸟类的迁徙规律相似,呈不明显而典型的双峰型季节性变化规律,12 月物种数量变化明显,曲线峰陡。

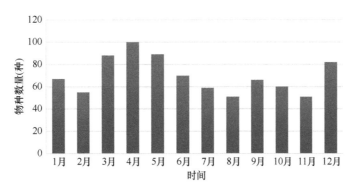

图 4.7 南四湖地区照片与标本鸟种年周期数量变化

照片与标本鸟种数量的季节性与鸟类分布调查研究物种数量的季节性变化没有同步,出现这种情况,可能与群众参与观鸟的人员增加、摄影活动规律与方式有关,也可能与人们的喜好、人类休闲活规律动有关。例如,当地农闲的 12 月,有更多的观鸟爱好者关注迁徙、越冬鸟类,这种关注直接影响拍摄照片的数量,也与迁徙鸟类消息的传播情况及其在当地活动时间的长短等因素有关,如大红鹳、雁类等鸟类在空中飞越并不停留,需要拍摄者高度关注并抓住时机才能拍摄到这些鸟的踪迹。

4.5.4 南四湖地区鸟类照片数量的年度变化

在南四湖地区拍摄到的鸟类照片中,整理到照片 2316 张(表 4.6),其中有的鸟种分布范围窄照片数量较少,甚至只有 1 张,有的分布广而照片数量较多,达数十张,甚至是上百张;照片数量在 2003~2007 年较少,共 14 张,其次是 2008~2013 年,共 322 张,在 2014~2018 年的 5 年时间里,照片数量最多,达 1980 张。

表 4.6 不同年份的鸟类照片数量统计

拍照年份	2003	2004	2005	2006	2007	2008	2009	2010	2011	2012	2013	2014	2015	2016	2017	2018
照片数量/张	2	2	3	1	6	52	66	67	45	59	33	136	318	583	617	326

照片数量多的鸟类,既与鸟种数量较多、优势种分布广泛、年活动周期长有关,又与拍摄者对某种鸟的关注度高、拍摄地点道路通畅有关,还与照片的征集渠道、方式方法有关。2015 年之前,南四湖地区没有举行鸟类摄影大赛和鸟类照片征集等活动,致使许多观鸟爱好者的照片,特别是活动隐秘鸟类的照片未能征集到;2015~2018 年照片数量急剧增加,主要是与项目组在南四湖鸟类资源调查中拍到较多照片有关。

照片数量少甚至没有拍到照片的鸟类物种,除了与物种个体数量稀少、活动隐秘而遇见率低有关,还与以下因素有关:随着时间的延长、时代变迁,鸟类原栖息地生态环境发生变化,局部分布鸟类已经消失而没有分布,或者是因观鸟爱好者识别鸟种的能力所限而误记,以及观鸟爱好者喜好不同,有些鸟种被拍到照片的数量少。

本次调查,采用观鸟爱好者提供的照片作为专项调查的重要补充,但因照片征集广度、深度以及相关活动宣传力度不够,致使许多精美照片没有征集到,从而导致某些有标本物种无照片资料的验证。

南四湖地区鸟类资源调查,20 世纪 50~60 年代,主要以采集标本为主;80 年代首次有 50 种鸟类有照片记录(济宁市林木保护站,1985),但本次调查未查验到这些照片;进入 21 世纪,特别是近十来年,征集到的鸟类照片数量呈现快速递增的趋势。这种情况表明当地生态环境与鸟类保护活动正在广泛开展,群众自发性观鸟活动的普及与推广已经达到较高程度。群众性观鸟活动的开展不仅有助于环境保护与爱鸟宣传教育活动的深入开展，提升全民生态环境保护意识，促进人与自然和谐发展，而且有助于新记录物种的发现与确证。本次调查发现较多有照片的新记录种就是群众参与的结果。同时，当地相关单位在发挥地方职能部门作用的基础上，成立公益监测中心，有助于改变过去科普教育、群众参与和专业调查研究脱节的现象，能及时收集鸟类分布与生态环境变化相关的信息，将为南四湖地区鸟类生物多样性监测提供大量的可信度高且真实有效的基础数据，克服专业调查的局限性。专业调查研究与群众观测的有机结合，将有助于推进鸟类物种、数量变化的科学监测，以鸟类群落结构变化作为一种监测指标，用大数据分析评估湖区经济发展与生态环境变化、协调发展的关系，促进经济社会与生态环境和谐持续发展。

4.5.5 南四湖地区常见鸟类物种及亚种的分类地位

山东鸟类分类较系统的记录文献主要有《山东省鸟类调查名录》（纪加义等，1987a，1987b，1987c，1987d，1988a，1988b，1988c，1988d）、《山东鸟类分布名录》（赛道建和孙玉刚，2013）、《山东鸟类志》（赛道建，2017），都采用以形态学特征为基础，依据其表型特征来区分物种的传统分类系统（郑作新，1976，1987，2002；郑光美，2005，2011）。

然而，随着现代分子生物学技术在系统分类中的应用，传统的分类系统已被由形态学加分子生物学研究成果的新分类系统所取代（郑光美，2017）。传统分类系统中有些鸟类亚种在新分类系统中被提升为种，例如，旧分类系统的黄鹡鸰亚种 *Motacilla flava tschutchensis* 升为种黄鹡鸰 *Motacilla tschutchensis*，原黄鹡鸰的堪察加亚种 *Motacilla flava simillima* 变更为西黄鹡鸰的亚种 *Motacilla flava simillima*。甚至有关目、科也发生了显著变化，如旧分类系统隼形目的鹰科与隼科在新分类系统中分别提升为鹰形目、隼形目，戴胜则从戴胜目划归入犀鸟目，鹭科、鹮科从鹳形目划归入鹈形目，鹳形目则只保留了鹳科。

本书依据《中国鸟类分类与分布名录》（第三版）（郑光美，2017）新的国际分类系统，亚种中文名参考《中国鸟类种和亚种分类名录大全》（郑作新，2000）、《中国鸟类系统检索》（郑作新，2002），对南四湖地区鸟类的分类地位（如种、亚种）进行重新厘定（表4.1，表4.2，表4.5）。本次调查与征集到的南四湖地区豆雁照片，经初步鉴定为豆雁西伯利亚亚种 *Anser fabalis middendorffii* 和短嘴豆雁指名亚种 *Anser serrirostris serrirostris*，这与山东有豆雁2个亚种的记录相符（赛道建等，2020），也说明南四湖大面积的湿地对中大型鸟类在山东的分布有着重要影响。

本次调查除依据照片、标本等调查结果对南四湖鸟类的分类地位重新厘定外，还依据征集到的照片对当地分布亚种的分类进行了探讨、鉴定，部分鸟类鉴定情况如下。

1. 环颈雉 *Phasianus colchicus*

环颈雉山东省分布记录有两种情况：1个亚种，即华东亚种 *P. c. torquatus*（纪加义等，1987b；郑作新，1976，1987）；2个亚种，即华东亚种和河北亚种 *P. c. karpowi*（赛道建等，2020；赛道建，2017；赛道建和孙玉刚，2013；郑光美，2011，2017；朱曦等，2008）。有资料记录环颈雉济宁市分布记录有3种情况：无亚种记录（济宁市林木保护站，1985；李久恩，2012；山东省林业监测规划院，2011）；有华东亚种1个亚种（朱曦等，2008）；有华东亚种和河北亚种2个亚种（赛道建等，2020；赛道建，2017；赛道建和孙玉刚，2013）。

本次调查获得的照片（图4.8），依《中国鸟类系统检索》（郑作新，2002）鉴定，因表型特征明显不同而确定南四湖地区分布有3个亚种：华东亚种、河北亚种和贵州亚种 *P. c. decollatus*；新增加的贵州亚种也参考了张立勋（2011）描写的表型特征和遗传因素，为山东省分布新记录。各亚种的详细分布情况，需要进一步深入调查研究。分子生物学研究表明环颈雉在山东有济南种群、海阳种群之分，且两个种群间的基因流小，但是，海阳种群与广西崇左种群间遗传分化不显著，与其他种群显著；与贵州荔波种群间的基因流较大，而与其他种群间的基因流小（张立勋，2011）。

亚种检索表

1. 有明显白色颈环、眉纹···2
   白色颈环大部分由蓝绿色代替，且与上下颈部有区别；白色眉纹不明显·····················贵州亚种 *P. c.decollatus*
2. 白色颈环较窄，在前颈狭窄处中断··华东亚种 *P. c. torquatus*
   白色颈环较宽，在前颈处完整··河北亚种 *P. c. karpowi*

1）环颈雉华东亚种 *P. c. torquatus*（图4.8）

鉴别特征：白色颈环前部狭且断开，背淡金黄色，胁浅棕黄色。

照片拍摄情况：曲阜市-孔林（孙喜娇20150430）；任城区-太白湖湿地公园（索洪美20140411）；微山县-微山湖（徐炳书20151018）。

图4.8 环颈雉华东亚种
徐炳书20151018拍摄于微山湖

2）环颈雉河北亚种 *P. c. karpowi*（图4.9）

鉴别特征：眉纹白色；颈环白色较宽且明显，颈环前部完整；背部栗红具白斑点。

照片拍摄情况：任城区-大运河（聂成林20091104），太白湖湿地公园（赛道建20160411、20171215），太白湖湿地公园（董宪法20150411）；微山县-微山湖（李阳20160320），微山湖（赵迈20160409），微山岛（张月侠20160404）。

图4.9 环颈雉河北亚种
聂成林20091104拍摄于大运河

3）环颈雉贵州亚种 *P. c. decollatus*（图4.10）

鉴别特征：白色颈环大部分由蓝绿色代替，且与上下颈部有区别；白色眉纹不明显；上背浅黄色具黑斑；胸部浓紫红色具黑色羽缘，两胁棕黄色，羽具黑色点状斑。

照片拍摄情况：微山县-泗河特大桥（索洪美20190629）。

此亚种引种驯养逃匿、杂交等现象普遍存在（张立勋，2011），所以个体白颈环多处于无与完整颈环的中间状态，又因拍摄角度、活动状态不同，颈环也会呈现不同特征，故此亚种作为新记录尚需获得标本后深入研究确证，其分布情况也需进一步调查。

图 4.10 环颈雉贵州亚种
索洪美 20190629 拍摄于泗河特大桥

2. 大杜鹃 *Cuculus canorus*

大杜鹃在中国有 4 个亚种（郑作新，1976，1987）、3 个亚种（赵正阶，2001；郑光美，2011，2017）不同分布记录。

大杜鹃在山东的分布记录有以下几种情况：无亚种记录（孙玉刚，2015）；1 个亚种，蒙古亚种 *C. c. subtelephonus*（田凤翰和李荣光，1957）、华东亚种 *C. c. fallax*（郑作新，1976，1987）、指名亚种 *C. c. canorus*（纪加义等，1987d；徐敬明，2003；赵延茂和宋朝枢，1995）、华西亚种 *C. c. bakeri*（郑光美，2011，2017）；2 个亚种，指名亚种 *C. c. canorus* 和华西亚种 *C. c. bakeri*（朱曦等，2008；赛道建和孙玉刚，2013；赛道建，2017）。

大杜鹃在南四湖地区的分布记录，与山东的记录情况相似：无亚种记录（济宁市林木保护站，1985；田逢俊等，1991）；指名亚种和华西亚种 2 个亚种（朱曦等，2008；赛道建和孙玉刚，2013；赛道建，2017）。

本次调查依所拍照片特征，鉴定为指名亚种和华西亚种（图 4.13，图 4.14），确证 2 个亚种记录的存在，华西亚种分布广泛、照片较多，指名亚种数量稀少，两亚种的详细分布情况，还需要进一步深入研究确定。

亚种检索表

下体完整横斑较密，宽度＜1mm ··指名亚种 *C. c. canorus*
下体完整横斑粗黑，宽度＞1mm ··华西亚种 *C. c. bakeri*

1）大杜鹃指名亚种 *C. c. canorus*（图 4.11）
鉴别特征：上体灰色，翅缘白色具褐色横斑，下体完整横斑宽度多不及 1mm。
照片拍摄情况：仅拍到少量照片，说明此亚种的种群数量较少。

图 4.11 大杜鹃指名亚种
宋泽远 20140622 拍摄于太白湖湿地公园

2）大杜鹃华西亚种 *C. c. bakeri*（图 4.12）

鉴别特征：上体暗灰色，翅缘白色具显著褐色横斑，下体完整横斑粗黑而宽，宽度可达 2mm。

照片拍摄情况：任城区-太白湖湿地公园（张月侠 20150620、20180618）；微山县-爱湖村（赛道建 20160725、20180620），高楼乡湿地（赛道建 20160715），欢城下辛庄（张月侠 20160609），蒋集河（20170614），两城（济宁林木保护站标本 19840518），南阳湖（济宁一中 1958），南阳岛（张月侠 20170503），微山湖国家湿地公园（赛道建 20170613），微山湖国家湿地公园（张月侠 20160610、20170614），微山湖（徐炳书 20120616，吕艳 20180816，济宁一中标本 1958），徐庄湖上庄园（赛道建 20170614），袁洼渡口（张月侠 20170613），昭阳（陈保成 20090905）；鱼台县-惠河（赛道建 20170612），鹿洼（张月侠 20170615），西支河（赛道建 20170611，张月侠 20190612）。证明此亚种在南四湖地区分布较广。

图 4.12　大杜鹃华西亚种
上：赛道建 20170613 拍摄于微山湖国家湿地公园；下：徐炳书 20120616 拍摄于微山湖

3. 金腰燕 *Cecropis daurica*

金腰燕山东分布记录有 3 个亚种，其中普通亚种 *C. d. japonica* 和西南亚种 *C. d. nipalensis* 有标本记录（赛道建，2017）。

南四湖地区分布的金腰燕有无亚种记录（济宁市林木保护站，1985；李久恩，2012）和普通亚种 1 个亚种（赛道建，2017）两种情况。

本次调查依所拍摄照片中金腰燕的明显不同特征，鉴定为普通亚种和西南亚种（图 4.16，图 4.17），其中西南亚种为南四湖分布新记录，但 2 个亚种的详细分布情况需要进一步深入研究确定。

亚种检索表

下体底色较淡，纵纹多而粗；腰羽暗棕色，纵纹粗、多 ·················· 西南亚种 *C. d. nipalensis*
下体底色较棕黄，纵纹较少；腰羽红棕色向下变浅，纵纹明显 ·················· 普通亚种 *C. d. japonica*

1）金腰燕普通亚种 *C. d. japonica*（图 4.13）

鉴别特征：腰羽红棕色向下变浅呈白色，纵纹明显。

照片拍摄情况：任城区-太白湖湿地公园（赛道建 20170613）；微山县-欢城下辛庄（张月侠 20170614），马口（赛道建 20151210），南阳岛（赛道建 20170611，张月侠 20150501、20160502、20170503），微山湖（济宁一中标本 1958），吴村渡口（张月侠 20160611），张北庄（赛道建 20160724），爱湖村（张月侠 20180620），枣庄市-红荷湿地省级地质公园（赛道建 20160724）。

2）金腰燕西南亚种 *C. d. nipalensis*（图 4.14）

主要鉴别特征：下体棕红色，纵纹粗密且多。

图 4.13　金腰燕普通亚种
左：赛道建 20160724 拍摄于张北庄；右：张月侠 20160611 拍摄于吴村渡口

照片拍摄情况：仅拍到少量照片，说明其种群数量较少。

在本次调查过程中，依据所拍南四湖地区分布的金腰燕照片，除已有记录普通亚种外，还发现金腰燕一个新的亚种记录——西南亚种。

图 4.14　金腰燕西南亚种
张月侠 20170613 拍摄于吴村渡口

4. 白鹡鸰 *Motacilla alba*

白鹡鸰在山东的分布记录有东北亚种 *M. a. baicalensis*、灰背眼纹亚种 *M. a. ocularis*、黑背眼纹亚种 *M. a. lugens* 和普通亚种 *M. a. leucopsis* 4 个亚种（纪加义等，1988a；赛道建和孙玉刚，2013；赛道建，2017；赵正阶，2001；郑光美，2011，2017）。

白鹡鸰在济宁市分布记录有以下 3 种情况：无亚种记录（济宁市林木保护站，1985；山东省林业监测规划院，2011；李久恩，2012）；东北亚种和黑背眼纹亚种 2 个亚种（朱曦等，2008；赛道建和孙玉刚，2013；赛道建，2017）；东北亚种、黑背眼纹亚种和灰背眼纹亚 3 个亚种（赛道建等，2020）。

本次调查征集到的在南四湖地区拍摄的白鹡鸰照片，鉴定为东北亚种、灰背眼纹亚种、黑背眼纹亚种和普通亚种（图 4.18～图 4.21），其中普通亚种的确定，说明山东分布的 4 个亚种在南四湖均有分布，但各亚种的详细分布、栖息情况需进一步深入研究确定。

亚种检索表

1. 头顶至颈项黑色，背部灰色 ·· 2
   头顶至腰部黑色，头、颈两侧白色 ·· 3
2. 无贯眼黑纹，喉白色 ·· 东北亚种 *M. a. baicalensis*
   有贯眼黑纹，喉黑色 ·· 灰背眼纹亚种 *M. a. ocularis*
3. 无贯眼黑纹 ·· 普通亚种 *M. a. leucopsis*
   有贯眼黑纹 ·· 黑背眼纹亚种 *M. a. lugens*

1）白鹡鸰东北亚种 *M. a. baicalensis*（图 4.15）

主要鉴别特征：头枕部黑色，背部灰色，无贯眼黑纹，下体白色，喉、前胸无黑斑。

照片拍摄情况：微山县-独山湖（赛道建 20160411），微山湖（徐炳书 20110405），微山湖国家湿地公园（李阳 20160213，赛道建 20181007），夏镇（陈保成 20091122），鱼种场（赛道建 20181007）；曲阜市-孔林（孙喜娇 20150506）；梁山县-张桥（葛强 20160731）；鱼台县-吴村渡口（赛道建 20170613）。

图 4.15　白鹡鸰东北亚种
徐炳书 20110405 拍摄于微山湖

2）白鹡鸰普通亚种 *M. a. leucopsis*（图 4.16）

主要鉴别特征：头枕至背部黑色，无贯眼黑纹，前胸有大块黑斑。

照片拍摄情况：任城区-袁洼渡口（张月侠 20150618）；微山县-高楼乡湿地（赛道建 20180324），南阳湖（张月侠 20150501、20150502），微山湖国家湿地公园（张月侠 20160403），微山湖（吕艳 20180816，徐炳书 20110515、20120407），微山湖渔业科技园（李阳 20160207），鱼种场（李新民 20150520）；兖州区-兴隆塌陷区（赛道建 20161208）。

图 4.16　白鹡鸰普通亚种
a. 赛道建 20161208 拍摄于兴隆塌陷区；b. 徐炳书 20120407 拍摄于微山湖；c. 张月侠 20160403 拍摄于微山国家湿地公园；
d. 李新民 20150520 拍摄于鱼种场

3）白鹡鸰黑背眼纹亚种 *M. a. lugens*（图 4.17）

主要鉴别特征：头枕、背部浓黑色，有黑色贯眼纹，前胸有大块黑斑。

照片拍摄情况：可能是分布数量较少的原因，仅在微山县薛河拍到照片。

4）白鹡鸰灰背眼纹亚种 *M. a. ocularis*（图 4.18）

主要鉴别特征：头顶至颈项黑色，背灰色，贯眼纹黑色，颏、喉至前胸黑斑显著。

照片拍摄情况：仅在任城区太白湖湿地公园拍到照片，此亚种为南四湖地区白鹡鸰亚种分布的新记录，其详细分布情况需要进一步调查研究。

5. 黄鹡鸰 *Motacilla tschutchensis*

中国有分布记录的黄鹡鸰 *Motacilla flava* 在旧分类系统中有 9 个（郑作新，1987，1976）或 10 个亚种

图 4.17　白鹡鸰黑背眼纹亚种
韩汝爱 20160302 摄于薛河

图 4.18　白鹡鸰灰背眼纹亚种
董宪法 20190413 拍摄于太白湖湿地公园

（郑光美，2011），新分类系统（郑光美，2017）改称为西黄鹡鸰 *Motacilla flava*，旧分类系统中黄鹡鸰阿拉斯加亚种 *M. f. tschutchensis* 提升为种——黄鹡鸰 *Motacilla tschutchensis*，含 4 个亚种。

按旧分类系统，山东分布有堪察加亚种 *M. t. simillima*、东北亚种 *M. t. macronyx* 和台湾亚种 *M. t. taivana* 3 个亚种（纪加义等，1988a；赛道建和孙玉刚，2013；赛道建，2017），新分类系统（郑光美，2017）中堪察加亚种变更为西黄鹡鸰 *Motacilla flava* 的亚种——*M. f. simillima*，后两者变更为黄鹡鸰 *Motacilla tschutchensis* 的亚种。除台湾亚种 *M. t. taivana* 无标本外，堪察加亚种 *M. t. simillima* 和东北亚种 *M. t. macronyx* 亚种均有标本（纪加义等，1988a）。

黄鹡鸰在南四湖地区分布记录有几种情况：堪察加亚种 *M. t. simillima*、东北亚种 *M. t. macronyx*、极北亚种 *M. t. plexa*（济宁市林木保护站，1985）；堪察加亚种 *M. t. simillima*、东北亚种 *M. t. macronyx*、台湾亚种 *M. t. taivana*（朱曦等，2008；赛道建和孙玉刚，2013；赛道建，2017）；东北亚种 *M. t. macronyx*、台湾亚种 *M. t. taivana*（赛道建等，2020）。

本次调查参考郑作新（2000，2002）、郑光美（2017）的种及亚种分类系统，根据南四湖分布记录的黄鹡鸰标本、照片，鉴定为东北亚种和台湾亚种（图 4.19，图 4.20），但 2 个亚种的详细分布情况需要进一步深入研究确定。

亚种检索表

头顶与背橄榄绿色，眉纹鲜黄 ··· 台湾亚种 *M. t. taivana*
头顶灰色，背橄榄绿色，无眉纹 ··· 东北亚种 *M. t. macronyx*

1）黄鹡鸰东北亚种 *M. t. macronyx*（图 4.19）
主要鉴别特征：头顶灰色，上体较绿，眉纹无，颏白而喉黄色，额灰褐色，耳羽暗灰色。

照片拍摄情况：南四湖（济宁一中标本 1959）；曲阜市-孔林；微山县-鲁桥（济宁市林木保护站标本 19840517），南阳湖（济宁一中标本 1958），昭阳湿地（李宏 20110423）；鱼台县-夏家（张月侠 20160505）。

图 4.19　黄鹡鸰东北亚种
李宏 20110423 拍摄于昭阳湿地

2）黄鹡鸰台湾亚种 *M. t. taivana*（图 4.20）

主要鉴别特征：头顶与背橄榄绿色，眉纹鲜黄色或近白色。

照片拍摄情况：南四湖（徐炳书 20110515、20120407）。

图 4.20　黄鹡鸰台湾亚种
徐炳书 20110514 拍摄于微山湖

6. 红尾伯劳 *Lanius cristatus*

红尾伯劳在中国分布有 4 个亚种。山东分布有指名亚种 *L. c. cristatus*、普通亚种 *L. c. lucionensis* 和日本亚种 *L. c. superciliosus* 3 个亚种（纪加义等，1988a；赛道建，2017；赛道建和孙玉刚，2013；郑光美，2011，2017；赵正阶，2001；郑作新，1976，1987）。

红尾伯劳在南四湖的分布记录有以下几种情况：记录 2 个亚种，指名亚种和日本亚种（济宁木市林保护站，1985）或日本亚种和普通亚种（朱曦等，2008）；记录 3 个亚种，指名亚种、日本亚种和普通亚种（赛道建和孙玉刚，2013；赛道建，2017；赛道建等，2020）。

本次调查依所拍摄照片中红尾伯劳的不同特征，鉴定为指名亚种、日本亚种和普通亚种（图 4.21～图 4.23），说明山东分布的 3 个亚种在南四湖均有分布，但各亚种的详细分布情况需要进一步深入研究确定。

亚种检索表

1. 头顶灰色，额带不显，眉纹狭呈白色……………………………………………………普通亚种 *L. c. lucionensis*

　头顶棕褐至栗褐色，白色额带明显，眉纹狭或宽呈白色…………………………………………………………2

2. 背棕褐色似头顶，眉纹、额带均狭……………………………………………………………指名亚种 *L. c. cristatus*

　背部栗褐色，眉纹、额带均宽…………………………………………………………日本亚种 *L. c. superciliosus*

1）红尾伯劳普通亚种 *L. c. lucionensis*（图 4.21）

主要鉴别特征：头顶呈灰色，额带状斑不明显。

照片拍摄情况：济宁市-太白湖湿地公园（赛道建 20170613，杜文东 20180708）；嘉祥县-纸坊；梁山县-张桥（葛强 20160420）；曲阜市-沂河（赛道建 20140708）；微山县-爱湖村（张月侠 20160609、20180620），岗头（赛道建 20160724），欢城下刘庄（张月侠 20160609、20180619），蒋集河（张月侠 20160610），两城（济宁市林木保护站标本 19840812），鲁桥（济宁市林木保护站标本 19830812、19840508），微山湖国家湿地公园（张月侠 20160610、20170614），吴村渡口（赛道建 20170613。张月侠 20160611、20180618），微山湖（徐炳书 20120707，济宁一中标本 1958），微山岛（赛道建 20170613），袁洼渡口（张月侠 20170613、20150620），昭阳（陈保成 20090725），昭阳湖（赛道建 20170805，沈波 20110803）；鱼台县-滨湖藕田（张月侠 20160615、20190612），鹿洼煤矿塌陷区（张月侠 20150618），王鲁桥（张月侠 20160613、20180621），西支河（赛道建 20170613），夏家村（张月侠 20150619、20160613、20170502），张黄镇（济宁一中标本 1958）；枣庄市-红荷湿地省级地质公园（赛道建 20160724，吕艳 20180817）。

图 4.21　红尾伯劳普通亚种
左：葛强 20160420 拍摄于梁山县张桥；右：杜文东 20180708 拍摄于太白湖湿地公园

2）红尾伯劳指名亚种 *L. c. cristatus*（图 4.22）

主要鉴别特征：头顶栗褐色，背棕褐色似头顶部；眉纹、额带状斑均狭，眼先至耳羽黑色，形成显著贯眼纹；额、喉、颊白色，下体余部棕白色；尾羽棕褐色，具不明显暗褐横斑。

照片拍摄情况：微山县-微山湖国家湿地公园（赛道建 20170614），吴村渡口（赛道建 20170613）；鱼台县-滨湖藕田（张月侠 20160505），惠河（赛道建 20170612）。

图 4.22　红尾伯劳指名亚种
左：张月侠 20160505 拍摄于滨湖藕田；右：赛道建 20170613 拍摄于惠河

3）红尾伯劳日本亚种 *L. c. superciliosus*（图 4.23）

主要鉴别特征：头顶、背均栗褐色，白色眉纹宽而明显，贯眼纹眼后部宽呈深栗色，前额基部有白色额带，尾羽棕褐色。

照片拍摄情况：有关人员在任城区太白湖湿地公园拍到照片。

图 4.23 红尾伯劳日本亚种
董宪法 20160813 拍摄于太白湖湿地公园潜流区

7. 大山雀 *Parus cinereus*

大山雀在中国分布记录有两种情况：6 个亚种，郑作新（1976，1987）记录有 *P. c. artatus*、无 *P. c. minor*，郑光美（2011，2017）记录有华北亚种 *P. c. minor*、无 *P. c. artatus*，然而，多数学者认为 *P. c. artatus* 是 *P. c. minor* 的同种异名（赵正阶，2001），故郑光美（2011，2017）记为 *P. c. minor*；或者 5 个亚种（郑光美，2017），将 *P. c. cinereus* 提升为种，将 *P. c. kapustini* 归为欧亚大山雀 *Parus major* 的亚种。

大山雀在山东的分布记录有以下几种情况：1 个亚种——*P. c. artatus*（田凤翰和李荣光，1957；纪加义等，1988c；郑作新，1976，1987）等；2 个亚种，*P. c. artatus* 和 *P. c. commixtus*（朱曦等，2008）或 *P. c. minor* 和 *P. c. commixtus*（赛道建和孙玉刚，2013；赛道建，2017）。

大山雀在南四湖地区的分布记录有 2 种情况：无亚种记录（济宁市林木保护站，1985；杨月伟和李久恩，2012）；2 个亚种（朱曦等，2008；赛道建和孙玉刚，2013；赛道建，2017）。

本次调查参考《中国鸟类系统检索》（郑作新，2002），依据南四湖地区分布记录的大山雀标本和照片，鉴定为北方亚种、华北亚种和华南亚种（图 4.24～图 4.26），其中北方亚种为山东省分布新记录亚种，但各亚种详细分布情况需要进一步深入研究确定。

亚种检索表

1. 腹沾黄色，背绿色浓 ···北方亚种 *P. c. kapustini*
   腹近白色，背呈灰色或蓝灰色带绿色 ···2
2. 背部呈绿色，腹偏白色；尾羽上面蓝灰色，第二对外侧尾羽白斑较小 ······································华北亚种 *P. c. minor*
   上背蓝灰沾绿色，腹偏黄色；尾羽上面蓝灰色，第二对外侧尾羽白斑更小 ·····························华南亚种 *P. c. commixtus*

1）大山雀华北亚种 *P. c. minor*（图 4.24）

主要鉴别特征：体形小；翅长 68～74mm，尾较短；背腰灰色；尾羽上面蓝灰色，第二对外侧尾羽白色斑较小。

照片拍摄情况：济宁，南四湖；任城区-太白湖湿地公园（赛道建 20160410、20170309、20170911、20171215，聂成林 20100310），三号井（赛道建 20170909），洸府河（赛道建 20170909）；梁山县-张桥（葛强 20150926）；曲阜市-孔林（孙喜娇 20150423），沂河公园（赛道建 20141220）；微山县-爱湖村薛河（赛道建 20170305，张月侠 20170430），二级坝（赛道建 20160223、20160415），高楼乡湿地（赛道建 20160413、20180324），韩庄苇场（赛道建 20151208），湖东大堤内滩（赛道建 20170305），蒋集河（赛道建 20161209、20170304，张月侠 20161209、20170304），欢城下刘庄（张月侠 20160403、20170430），鲁桥（济宁市林木保护站标本 19840309），南阳湖农场（赛道建 20170310），微山岛（赛道建 20160218，张月侠 20160404），微山湖（济宁一中标本 1958），夏镇（张月侠 20160404），昭阳（赛道建 20170306），枣林村（赛道建 20161004）。

图 4.24 大山雀华北亚种

a. 聂成林 20100310 拍摄于太白湖湿地公园；b. 赛道建 20170319 拍摄于太白湖湿地公园；c. 葛强 20150926 拍摄于张桥；
d. 孙喜娇 20150423 拍摄于孔林

2）大山雀华南亚种 *P. c. commixtus*（图 4.25）

主要鉴别特征：体形更小；翅长较华北亚种短；上背蓝灰沾绿色；尾羽上面蓝灰色，第二对外侧尾羽白斑更小。

照片拍摄情况：微山县-昭阳（陈保成 20091122），独山湖（赛道建 20160411），欢城镇下刘庄（张月侠 20160502），袁洼渡口（张月侠 20160405）；任城区-太白湖湿地公园（宋泽远 20140407）。

文献分布记录：南四湖（朱曦等，2008；赛道建和孙玉刚，2013；赛道建，2017）；曲阜。

图 4.25 大山雀华南亚种

a. 陈保成 20091122 拍摄于昭阳；b. 赛道建 20160411 拍摄于独山湖；c. 宋泽远 20140407 拍摄于太白湖湿地公园；
d. 张月侠 20160403 拍摄于欢口镇下刘庄

3）大山雀北方亚种 *P. c. kapustini*（图 4.26）

主要鉴别特征：头黑色，头侧具大白斑；背部黄绿色扩展到腰部；翅、尾上蓝色显著，翅一道白斑宽阔；腹部污黄色浓著，中央黑纵斑窄；尾较翅明显短。

照片拍摄情况：作为南四湖及山东鸟类亚种分布新记录，有关人员在微山县微山湖拍到照片，其详细的分布情况需要进一步深入研究确定。

讨论：本亚种郑作新（1976，1987，2002）、赵正阶（2001）、郑光美（2011）记录为大山雀北方亚种。郑光美（2017）将本亚种与西域山雀 *Parus bokharensis*（郑作新，1987，1976；赵正阶，2001）合并为欧亚大山雀 *Parus major*，分布于新疆黑龙江和内蒙古、（郑作新，1987；赵正阶，2001），本亚种为其亚种 *P. m. kapustini*。

图 4.26 大山雀北方亚种

徐炳书 20160126 拍摄于微山湖

4.6 南四湖地区鸟类的生物多样性

本书和《南四湖地区鸟类图鉴》（赛道建等，2020）共收录南四湖地区分布的鸟类 294 种 25 亚种，隶属于 20 目 66 科 159 属（表 4.1）；鸟类种数占中国鸟类种总数 1445 种的 20.35%，占山东鸟类种总数 471 种的 62.42%。其中，采到标本的鸟类有 185 种 2 亚种，拍到照片的鸟类有 212 种 19 亚种，既有标本又有照片的 141 种 2 亚种，只有标本而无照片的 44 种，只有照片的 71 种 17 亚种。济宁市鸟类新记录有 40 种及亚种，其中棉凫、环颈雉贵州亚种、大山雀北方亚种等为山东省鸟类新记录；仅见文献记录的未能查到标本和拍到照片的有 38 种 6 亚种。

4.6.1 南四湖地区鸟类的区系与居留型

南四湖地区的鸟类区系以古北界鸟类分布为主，其次是广布种，东洋界物种少；居留型中有留鸟 59 种，夏候鸟 67 种，冬候鸟 33 种，旅鸟 133 种，迷鸟 2 种。

1. 南四湖地区鸟类区系

南四湖地区鸟类区系分布调查的结果显示，本次调查广布种有 78 种，占调查鸟类总种数的 26.53%；古北种有 188 种，占调查鸟类总种数的 63.95%；东洋种有 27 种，占调查鸟类总种数的 9.18%。与有关资料相比，不同年代的鸟类区系分布是不同的（表 4.1，表 4.3），古北界、东洋界鸟类种数有所增加，是物种扩散造成的。原因可能是近年来随着全球气候的变暖趋势，南四湖地区的气温也随之升高（真实情况如何需要借助当地气温与环境变化数据的研究进行科学的评价），以致东洋界部分鸟类物种分布活动北移扩散；也可能是社会经济发展，人类活动范围和频率增加，导致一部分鸟类随着人为活动被带到非正常分布区域扩散到野外成功繁殖生存。

加强鸟类分布与群落结构变化的监测，不仅有助于宏观环境变化的分析，还有助于评估经济发展对生态环境的影响，为经济社会的持续发展提供有益的参考。

2. 南四湖地区鸟类的居留型

每年多种候鸟在南四湖地区进行越冬、繁殖或迁徙中转，3 月开始，夏候鸟只有极少的种类迁来，到 4 月增多，5 月迁徙结束进入繁殖期；冬候鸟在 10 月陆续迁来、2 月底越冬结束，3~4 月春季返回繁殖地的迁徙。在越冬期和繁殖期，鸟类的种类和数量处于相对稳定的状态，春秋季节由于迁徙鸟类组成比较复杂，留鸟全年属于优势种，旅鸟及其他鸟类的种数、数量则有明显的季节性变动。

南四湖鸟类居留型中（表 4.1），留鸟 59 种，如麻雀、喜鹊、黑水鸡、棕背伯劳等，占南四湖地区鸟类总种数的 20.07%；夏候鸟 67 种，如家燕、黑枕黄鹂、白鹭等，每年 3 月中下旬至 10 月在本地居留、繁殖，占总种数的 22.79%；冬候鸟 33 种，如大天鹅、短嘴豆雁、鸿雁、赤麻鸭、赤膀鸭等，每年 10 月中旬至翌年 4 月中旬在本地居留，占总种数的 11.22%；旅鸟 133 种，如雁鸭类部分种及雀形目、鹬类等鸟类，一般每年 4~5 月和 9~10 月迁徙途经或中途在南四湖保护区居留，占总种数的 45.24%；迷鸟 2 种，占总种数的 0.68%。

与 1985 年济宁市林木保护站调查的留鸟 47 种、夏候鸟 38 种、冬候鸟 23 种、旅鸟 83 种相比，本次调查旅鸟种类增加最多，有 50 种，其次为夏候鸟，有 29 种。本次调查鸟类种数增多的原因除了增加调查次数和扩大调查范围外，与当地群众性观鸟、拍鸟活动的广泛开展也密切相关，还与部分夏候鸟、冬候鸟、旅鸟常年停留山东变为留鸟有关。部分鸟类居留型的改变与全球气候变暖有一定关系，会导致一些南方鸟种，如白腰文鸟、八哥等分布向北迁移，鸟类种数增多。

4.6.2　南四湖地区鸟类物种组成的变化

1. 南四湖地区鸟类报告未收录的"记录鸟类"

研究鸟类群落结构的演变需要以参考文献、历史数据和现时调查研究的真实数据为依据，通过数据的对比分析得到比较符合实际情况的结果，用于指导鸟类保护工作的科学开展。为此，我们收集在南四湖地区分布鸟种及其相关的研究资料，参考资料包括已出版的专著、正式发表的研究报告和论文等文献，以及内部调查资料、硕士论文等，结合本次实地调查结果，分析情况见表4.1~表4.3和表4.5。

所参考的内部调查资料大部分仅在"名录"中列出鸟的种类，不仅未说明有无照片、标本和正式文献记录等佐证资料，也未进行专业研究，还有部分种类是远离正常分布区的（郑光美，2017，2011；郑作新，1987，1976）。在《山东省鸟类调查名录》（纪加义等，1987a，1987b，1987c，1987d，1988a，1988b，1988c，1988d）、《山东鸟类分布名录》（赛道建和孙玉刚，2013）、《山东鸟类志》（赛道建，2017），以及《中国鸟类区系纲要》（郑作新，1987）、《中国鸟类分类与分布名录》（郑光美，2011，2017）等文献中，山东没有分布记录但内部调查资料中有记录的鸟种有大石鸻 *Esacus recurvirostris*、灰翅鸥 *Larus glaucescens*、黄臀鹎 *Pycnonotus xanthorrhous*、鹊鸲 *Copsychus saularis*、褐翅鸦鹃 *Centropus sinensis*、灰背伯劳 *Lanius tephronotus*、白顶鸭 *Oenanthe pleschanka*、沙䳭*Oenanthe isabelina*、灰喉柳莺 *Phylloscopus maculipennis*、沼泽大尾莺 *Megalurus palustris*、灰头鸦雀 *Paradoxornis gularis*、绒额䴓*Sitta frontalis*、褐翅雪雀 *Montifringilla adamsi*、蓝鹀 *Latoucheornis siemsseni*、河乌 *Cinclus cinclus*、黑百灵 *Melanocorypha yeltoniensis*、灰翅噪鹛 *Garrulax cineraceus*、红头穗鹛 *Stachyris ruficeps* 等，共计33种（表4.2）。

本次调查过程中，有些鸟类未能获得照片、标本等实证，实地调查也没有观察到，也没有正式发表文献其在山东有分布记录（郑光美，2017；赛道建，2017），仅见于当地一些资料的鸟类名录中（李久恩，2012；杨月伟和李久恩，2012），无"物证"佐证及专项研究文献证明其在南四湖地区有分布。故本次调查认为，这些鸟在南四湖地区鸟类分布调查中应为无分布种，列于表4.2供进一步调查研究，如证实其有分布，则应为该鸟种在南四湖及山东分布的首次记录。

2. 南四湖地区有标本记录，但近年来无野外照片的鸟类

有关文献记录中，在南四湖地区曾采到标本但没有野外照片的鸟类（表4.5），有石鸡 *Alectoris chukar*、中华鹧鸪 *Francolinus pintadeanus*、鹌鹑 *Coturnix japonica*、赤颈鸭 *Mareca penelope*、黑海番鸭 *Melanitta americana*、普通夜鹰 *Caprimulgus indicus*、普通雨燕 *Apus apus*、大鸨 *Otis tarda*、小田鸡 *Zapornia pusilla*、董鸡 *Gallicrex cinerea*、白头鹤 *Grus monacha*、东方鸻 *Charadrius veredus*、丘鹬 *Scolopax rusticola*、小杓鹬 *Numenius minutus*、黄脚三趾鹑 *Turnix tanki*、中杜鹃 *Cuculus saturatus*、黑鹳 *Ciconia nigra*、紫背苇鳽*Ixobrychus eurhythmus*、黑鸢 *Milvus migrans*、松雀鹰 *Accipiter virgatus*、雀鹰 *Accipiter nisus*、白腹蓝鹟 *Cyanoptila cyanomelana*、长耳鸮 *Asio otus*、短耳鸮 *Asio flammeus*、冠鱼狗 *Megaceryle lugubris*、发冠卷尾 *Dicrurus hottentottus*、寿带鸟 *Terpsiphone incei*、达乌里寒鸦 *Corvus dauuricus*、秃鼻乌鸦 *Corvus frugilegus*、凤头百灵 *Galerida cristata*、红胁绣眼鸟 *Zosterops erythropleurus*、白喉矶鸫 *Monticola gularis*、白眉鸫 *Turdus obscurus*、白腹鸫 *Turdus pallidus*、蓝歌鸲 *Larvivora cyane*、乌鹟 *Muscicapa sibirica*、鸲姬鹟 *Ficedula mugimaki*、田鹨 *Anthus richardi*、普通朱雀 *Carpodacus erythrinus*、红腹灰雀 *Pyrrhula pyrrhula*、灰腹灰雀 *Pyrrhula griseiventris*、铁爪鹀 *Calcarius lapponicus*、栗鹀 *Emberiza rutila*、芦鹀 *Emberiza schoeniclus*。

这些有标本记录的鸟类，在本次调查过程中，不仅项目组成员野外调查时没有观察记录到和拍到照片，也没有征集到观鸟爱好者的照片，需要加强鸟类资源分布监测，获得可靠证据，以便用科学的数据说话，确证其分布的实际状况。

3. 南四湖地区鸟类新增加的调查记录

本次调查共收录南四湖地区分布鸟类 294 种 25 亚种（表 4.1，表 4.5），其中，曾经获得标本记录的有 185 种 2 亚种，近年来拍到照片的有 212 种 19 亚种。

本次调查结果与资质单位以往的调查结果相比（表 4.3），比《济宁市鸟类调查研究》（济宁市林木保护站，1985）记录的 192 种增加了 102 种；比《山东济宁南四湖省级自然保护区综合科学考察报告》（山东省林业监测规划院，2003）记录的保护区鸟类 183 种增加了 111 种；比《山东南四湖省级自然保护区总体规划》（国家林业局调查规划设计院等，2005）记录的 184 种增加了 110 种；比《山东南四湖滨湖湿地保护与栖息地恢复可行性研究报告》（山东省林业监测规划院，2007）记录的湖区鸟类 194 种增加了 100 种；比当地保护区相关研究报告（李久恩，2012；杨月伟和李久恩，2012）记录的南四湖保护区内鸟类 87 种增加了 207 种；比《山东微山湖国家湿地公园总体规划》（山东省林业监测规划院，2011）记录的 162 种增加了 132 种；比《微山县湿地资源普查报告》（微山县林业局，2012）记录的 140 种鸟类增加了 154 种，其中有 6 种鸟类新记录：黑翅长脚鹬、灰翅浮鸥、普通燕鸥、震旦鸦雀、棕背伯劳、黑翅鸢，在本次调查都拍到了照片。

与专业研究相比，本次调查结果比《山东省鸟类调查名录》（纪加义，1987a，1987b，1987c，1987d，1987e，1988a，1988b，1988c，1988d）记录的鲁西南平原湖区鸟类 290 种增加了 4 种；比《山东鸟类分布名录》（赛道建和孙玉刚，2013）中明确标明为济宁及南四湖的鸟类 242 种增加了 52 种；《山东鸟类志》（赛道建，2017）中分布于济宁及南四湖的鸟类与本次调查结果部分重叠，不进行比较讨论（表 4.1，表 4.2）。此外，《中国鸟类分布名录》（郑作新，1976）、《中国鸟类区系纲要》（郑作新，1987）、《中国鸟类分类与分布名录》（郑光美，2011，2017）列出的山东分布鸟类均涉及南四湖，但无具体的情况介绍。

近年来，南四湖地区鸟类拍到照片的新增加记录有，大红鹳 *Phoenicopterus roseus*、小鸦鹃 *Centropus bengalensis*、灰头麦鸡 *Vanellus cinereus*、灰尾漂鹬 *Tringa brevipes*、黑翅鸢 *Elanus caeruleus*、秃鹫 *Aegypius monachus*、白尾海雕 *Haliaeetus albicilla*、灰伯劳 *Lanius excubitors*、纯色山鹪莺 *Prinia inornata*、领雀嘴鹎 *Spizixos semitorques*、远东树莺 *Horornis canturianus*、银喉长尾山雀 *Aegithalos glaucogularis*、震旦鸦雀 *Paradoxornis heudei*、画眉 *Garrulax canorus*、黑脸噪鹛 *Garrulax perspicillatus*、橙头地鸫 *Geokichla citrina*、蓝额红尾鸲 *Phoenicuropsis frontalis*、红喉姬鹟 *Ficedula albicilla*、白腰文鸟 *Lonchura striata*、北鹨 *Anthus gustavi*、苇鹀 *Emberiza pallasi*、小太平鸟 *Bombycilla japonica* 等；西黄鹡鸰 *Motacilla flava* 则是由黄鹡鸰的堪察加亚种提升为西黄鹡鸰种造成。

依据照片鉴定，南四湖地区分布鸟类亚种记录变化的有环颈雉 *Phasianus colchicus* 分为华东亚种 *P. c. karpowi*、河北亚种 *P. c. torquatus*、贵州亚种 *P. c. decollatus* 3 个亚种，其中贵州亚种为新增；金腰燕 *Cecropis daurica* 分为普通亚种 *C. d. japonica*、西南亚种 *C. d. nipalensis* 2 个亚种，其中西南亚种为新增；白鹡鸰分为东北亚种 *M. a. baicalensis*、灰背眼纹亚种 *M. a. ocularis*、普通亚种 *M. a. leucopsis*、黑背眼纹亚种 *M. a. lugens* 4 个亚种；大山雀 *Parus cinereus* 分为北方亚种 *P. c. kapustini*、华北亚种 *P. c. minor*、华南亚种 *P. c. commixtus* 3 个亚种，北方亚种在新分类系统（郑光美，2017）中称为欧亚大山雀 *Parus major* 的亚种；红尾伯劳分为普通亚种 *L. c. lucionensis*、指名亚种 *L. c. cristatus*、日本亚种 *L. c. superciliosus* 3 个亚种。

4. 未能调查到的南四湖地区鸟类记录种

新中国成立后，南四湖鸟类在各时期有不同形式的调查研究（表 4.1，表 4.2），记录的部分鸟类，尽管多为普通种，但由于本次调查的时间及广度限制未能调查到，如云雀 *Alauda arvensis*、黄胸鹀 *Emberiza aureola* 等优势物种。优势物种数量的大幅度减少甚至消失，是生态环境由适宜这类鸟类生存变得不利于其生存造成的结果，如人类的经济活动干扰强度大，致使生境类型改变、斑块生境消失。因此，需要加强生态环境与鸟类物种多样性保护的宣传教育与执法力度，加强环境保护工作，尽量减少人类活动对环境的影响，因地制宜地制订合理的发展规划，促进经济社会发展与南四湖湿地生态环境保护和谐发展。

5. 南四湖地区鸟类分布新记录

南四湖地区鸟类资源分布调查（表 4.1，表 4.4），除被救助的个体增加了东方白鹳、白尾海雕、秃鹫等鸟类新记录外，还拍摄到鸟类新记录的照片，如棉凫等。确认这些鸟类在南四湖地区是有分布的，是南四湖鸟类分布新记录，有的其至是山东省分布新记录。

6. 南四湖地区鸟类物种的变化

本次调查是基于实地深入调查，以标本、照片等实证和参考文献为基础进行的，调查结果具有可复查性。通过对调查结果的统计和分析发现，南四湖自然保护区内外鸟类群落结构的种类与数量的变化，与地区生境类型改变有关。例如，独山湖沿岸在 20 世纪 80 年代是大面积的沼泽草地，如今已经开发为养殖区，并有多处开发为太阳能采集区；湿地公园建设、道路修建及房地产开发导致生境类型与景观变化，致使生态环境发生了明显而深刻的变化。

鸟类新记录的增加主要是群众性观鸟和鸟类摄影爱好者大幅度增加和专业调查的深入开展（表4.1）。随着水陆交通的发展，有助于观鸟、拍鸟活动的开展，以前人类难以到达的地方现在可以轻易进入，能发现更多隐藏的鸟类，如震旦鸦雀、水雉等，使观察记录大幅度增加；也有的是因气候变化而北扩的鸟类，以及笼养鸟类的逃匿、放生，如画眉、八哥等；还有因亚种按新分类系统提升为种，导致的鸟种增加。

鸟的种类、数量减少或调查未能发现，可能与以下因素有关：野外调查的广度、深度尚未达到可以记录到全部鸟类的程度；南四湖地区自然生态环境的破坏、改观，如围湖垦地、河湖水运交通繁忙以及大面积的沼泽苇塘被开发成藕塘或养殖区而使生境片段化、斑块化；入侵物种，如海狸鼠在当地成功繁殖，捕食湖区鱼类、鸟类，食物资源的减少致使食鱼鸟类的种数、数量明显下降，以致难以发现，其至消失，如曾有记录的乌鹛在当地已经消失。

4.6.3 鸟类物种多样性指数

物种多样性指数是指生物群落中种类与个体数的比值，是物种丰富度和均匀度的综合指标，该指数假设在无限大的群落中对个体随机取样，而且样本包含了群落中所有的物种，个体出现的机会即为多样性指数。对不同生境类型观测数据进行汇总分析，分别计算群落生物多样性、优势度、丰富度等相关指数（图 4.27），各指数计算方法为

Shanoon-Wiener 指数（多样性指数）：$H' = -\sum_{i=1}^{S} P_i \ln P_i$

Pielou 指数（均匀度指数）：$E = \dfrac{H'}{\ln S}$

Simpson 指数（优势度指数）：$D = \sum_{i=1}^{S} \dfrac{N_i(N_i-1)}{N(N-1)}$

Margalef 指数（丰富度指数）：$D_{MG} = \dfrac{S-1}{\ln N}$

式中，H' 为香农-维纳指数；E 为均匀度指数；P_i 为频度为第 i 个物种在全体物种中的重要性比例，$P_i = \dfrac{N_i}{N}$；S 为物种总数；N 为个体总数，N_i 是第 i 种的个体数。

南四湖地区鸟类各生境类型的指数比较显示，丰富度指数湖区最高，丘陵区最低，其余生境相近，说明水源是影响湿地生态环境的重要因素，不仅决定着开阔水面与沼泽、河流、农田、林地等湿地类型的面积比例，也决定着南四湖地区生态环境的生态质量、生态效能以及鸟类群体活动情况等，从而影响并决定各类生境中鸟类的生物多样性和群落结构的变化，以及鸟类群落的种类和数量（图 4.28）。

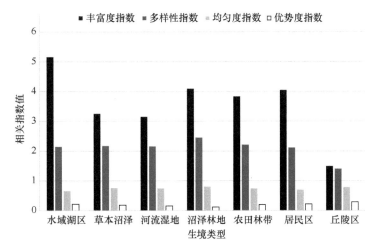

图 4.27 南四湖地区不同生境的鸟类物种多样性指数

图 4.28 微山湖禁渔区鸟类混群起飞景象
张月侠、赛道建 20161210 拍摄于微山湖禁渔区

沼泽区的消失将使部分鸟类失去栖息繁殖的场所，湖水的污染不仅影响、破坏生态食物链，而且影响南水北调工程湖区下游的水质量。因此，严控湖区周边企业向入湖河道排污以及各种人工养殖的数量和规模，保持南四湖地区水域生态环境良好，加强日常生物多样性监测是湖区周边各级政府的重要职责。

4.6.4 微山湖国家湿地公园与太白湖湿地公园鸟类

微山湖国家湿地公园与太白湖湿地公园分别位于南四湖南端和北端，前者为新薛河入湖河口附近的湿地，后者为南阳湖的一部分，二者都属于在原有河口、湖岸的基础上，人工改造建成的湿地公园，园区内生境类型多样，鸟类种类、数量都比较多。

调查期间，春夏季节有成群的白鹭、夜鹭、池鹭等在公园林地或湖中岛屿树林中集群营巢繁殖，有小䴘䴘、凤头䴘䴘、黑水鸡、白骨顶等在沼泽湿地中繁衍生息，还有各种斑鸠、白头鹎、东方大苇莺、远东树莺和苍鹭等分散于不同生境类型中繁殖；冬季芦苇地、林地中有大群的鹭类和斑鸠类越冬，在开阔水面有白骨顶、绿头鸭、斑嘴鸭、红头潜鸭、青头潜鸭等越冬水鸟混群组成几百到几千只，甚至上万只的较大群体。

1. 两湿地公园的相似性

太白湖湿地公园、微山湖国家湿地公园鸟类群落结构多样性采用 Sorensen 相似性指数（Cs），计算方法为

$$Cs=2c/(a+b)$$

式中，a 为太白湖湿地公园鸟类物种数；b 为微山湖国家湿地公园鸟类物种数；c 为两地共有物种数。

计算结果显示两湿地公园鸟类群落具有较高的相似度，相似性系数为 0.7049。两湿地公园具较多类似的生境，差异为微山湖国家湿地公园深水区域面积较小，冬季仅有少量黑水鸡、小鸊鷉等种类，而太白湖湿地公园则有大片开阔水面及芦苇片状分布的深水区，冬季园区内游人稀少，人为活动干扰较少，利于越冬鸭类水鸟聚集，每年冬季有成千上万只雁鸭类等水鸟在此越冬。认真总结湿地公园的建设经验，有助于南四湖生态环境的保护与合理利用的协调发展。

2. 微山湖国家湿地公园鸟类的季节性变化

本次调查中微山湖国家湿地公园鸟的种类和遇见频次呈季节性变化（图 4.29）。

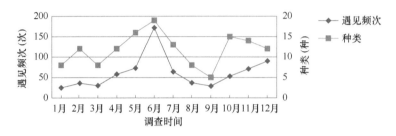

图 4.29　微山湖国家湿地公园鸟类季节性变化

由图 4.29 可知，微山湖国家湿地公园鸟的种类、遇见频次季节性变化曲线的变化趋势不完全相同，种类曲线在 6 月出现一个高峰，2 月、10 月出现 2 个小高峰；遇见频次曲线在 6 月出现一个高峰。不同曲线的高峰均在 6 月出现，说明此峰期的出现与鸟类的繁殖、育雏活动有关，以夏候鸟和留鸟成分为主。

3. 太白湖湿地公园鸟类的季节变化

本次调查中太白湖湿地公园鸟的种类和遇见频次呈季节性变化（图 4.30）。

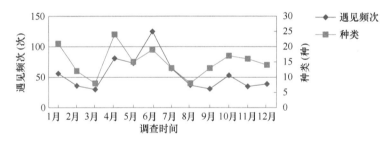

图 4.30　太白湖湿地公园鸟类季节性变化

由图 4.30 可知，太白湖湿地公园鸟的种类季节性变化曲线在春秋迁徙季节前后出现高峰，此高峰期的出现也是与鸟的繁殖、育雏活动有关，在 1 月出现显著高峰是由于湖面上、藕塘处栖息着越冬的各种雁鸭类造成的。太白湖湿地公园鸟类的种类和遇见曲线与微山湖国家湿地公园变化趋势相似。

4. 两湿地公园鸟类数量比较

两湿地公园，不同月份调查到的鸟类数量太白湖湿地公园＞微山湖国家湿地公园，但数量变化趋势相似，12 月峰值明显高于其他月份，这是由越冬鸟类的大量集群活动造成的（图 4.31）。

鸟类数量在 12 月出现一个显著高峰，在 2 月、6 月、10 月也都有一个小高峰。数量曲线在春秋迁徙季节前后出现两个高峰期，与一般观察结论相符，时间上有所不同可能是调查的强度不够或未处在迁徙的高峰期造成，或者是迁徙鸟类途经此调查区的较少，两湿地公园在 12 月出现显著高峰的原因不同，太白湖湿地公园主要是越冬鸭雁类在阔水面混群聚集，微山湖国家湿地公园则与越冬的夜鹭、斑鸠类在园区芦竹丛和附近树林的集群活动有关。

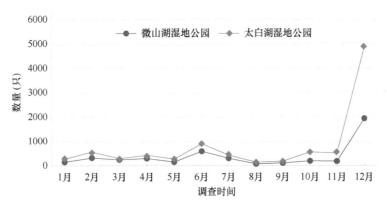

图 4.31 不同月份的数量比较

2015 年 12 月，微山湖国家湿地公园开放前，沼泽区有芦竹倒伏形成"挡风墙"提供了温暖的微生境，吸引大量夜鹭和斑鸠在此环境中集群越冬，致使其数量显著增加；而公园开放后，此类微生境消失，游人增加，此后连续 3 个冬季鸟类调查，均未再见到这种现象。由此可见，生境类型与微生境均对鸟类栖息活动产生影响，从而影响鸟类的生态分布，而景观生境类型的改观则会造成鸟类群落结构的变化与演替。

5. 两湿地公园鸟类遇见频次和数量年际趋势比较

微山湖国家湿地公园是 2011 年开始规划建设，2015 年完成中期建设，2016 年进入远期建设，期间进行的鸟类调查既反映了鸟类群落结构的变化，也表明微环境、生境类型的改变对鸟类群落结构的影响。太白湖湿地公园的前身是小北湖，已经建成 36 年，园区内生境类型基本稳定。不同人工湿地类型鸟类群落结构的对比有助于分析湿地开发建设的利弊，总结经验教训，促进人与环境和谐相处，需要对比两个湿地公园连续 3 年的鸟类调查结果（图 4.32，图 4.33），以便探讨如何利用鸟类的组成与群落结构变化作为评估环境变化指标，评价环境变化的程度，提升环境管理的能力。

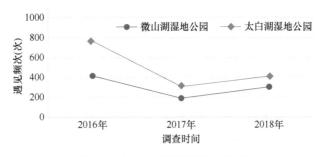

图 4.32 繁殖鸟类遇见频次的比较

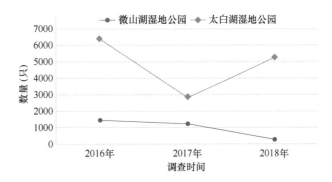

图 4.33 繁殖鸟类数量的比较

两湿地公园鸟类调查遇见频次曲线变化趋势相似（图 4.32），但太白湖湿地公园的鸟类遇见频次高于微山湖国家湿地公园。虽然同样有人为干扰，且太白湖湿地公园的游人远多于微山湖国家湿地公园，但二者的生境类型是有差别的：太白湖湿地公园有较大面积的开阔水面和无人为干扰的湖心岛，而且开发较早，人与鸟类间的关系有了一定的适应性，有助于鸟类调查；而微山湖国家湿地公园沼泽区是以芦苇为主体，高大密植的植被遮挡严重，不利于鸟类观察，从而影响调查效果。可见，鸟类遇见率频次的高低与环境的生境类型、微环境以及人类的干扰程度和方式有密切的关系，还与鸟类对人类干扰活动的适应性有关。

两湿地公园 3 年的鸟类的数量调查显示，太白湖湿地公园高于微山湖国家湿地公园（图 4.33），太白湖湿地公园先降后升，微山湖国家湿地公园则是呈现下降的趋势。调查期间太白湖湿地公园繁殖鸟类数量出现了明显的变化，主要是因为 2017 年繁殖鸟类调查期间，园区路桥施工，高强度的人为活动干扰影响了鸟类的栖息活动，调查也受到了影响，施工结束后 2018 年鸟类数量有所恢复。微山湖国家湿地公园的繁殖鸟类数量变化不大但整体为下降趋势，出现这种情况的原因主要有：受人类的经济活动影响，相较于太白湖稳定的环境，微山湖国家湿地公园仍处于建设阶段，如各种开发活动造成生境类型改变，旅游活动的增加对鸟类分布的影响等。交通便利后增加了发现隐藏鸟类的机会，增加了观察鸟类的新记录，两公园本次调查发现当地新记录鸟类较多，但数量却不理想；公园环境明显改观后，鸟类的群落演替则比较缓慢，鸟类需要有一个较长的适应过程。总之，鸟类群落结构变化的直接、间接因素是什么，需要做进一步深入的调查研究，需要用大量的科学数据去进行分析才能得出结论。

4.6.5 南四湖地区鸟类保护

南四湖地区分布鸟类保护的基本状况与类型，见表 4.1、表 4.3。本次调查到的鸟类中，除不同保护种类外，还有中国特有种——乌鸫 *Turdus mandarinus*、银喉长尾山雀 *Aegithalos glaucogularis* 等。

1. 南四湖地区分布鸟类的保护级别

南四湖分布的国家 I 级重点保护野生动物共 8 种，其中山东省林业监测规划院（2007，2011）、国家林业局调查规划设计院等（2005）记录有白鹳 *Ciconia ciconia*、大鸨 *Otis tarda* 2 种，本次实际调查到的有 7 种。

调查到的种类为汶上县林业局救助、驯养在济宁动物园的白尾海雕；拍到照片的有白鹤 *Grus leucogeranus*、白头鹤 *Grus monacha*；由微山县林业局的刘显保等工作人员救助，并由曲阜师范大学的高晓冬博士安装追踪仪、实施放飞的东方白鹳 *Ciconia boyciana*；宋泽远、李强首次用照片记录到济宁太白湖湿地公园分布的中华秋沙鸭 *Mergus squamatus*；有标本但没有拍到、征集到照片的大鸨 *Otis tarda*；有标本记录（纪加义和于建新，1990）而未能调查到的黑鹳 *Ciconia nigra*。

南四湖分布的 8 种国家 I 级重点保护野生动物中，东方白鹳 *Ciconia ciconia* 为旧分类系统（郑作新，1987，1976）白鹳 *Ciconia ciconia* 的亚种。白鹳有新疆亚种 *C. c. asiatica* 和东北亚种 *C. c. boyciana* 2 个亚种，新分类系统（郑作新，2000，2002；郑光美，2017，2011）分别称之为白鹳 *Ciconia ciconia*、东方白鹳 *Ciconia boyciana*。按分布区，白鹳分布于新疆西北部，山东是没有分布记录的（郑光美，2017，2011；郑作新，1987，1976；赛道建，2017；赛道建和孙玉刚，2013；纪加义，1987b），故南四湖鸟类有关分布记录中的白鹳，应为东方白鹳的同种异名。调查记录的国家 II 级重点保护野生动物有 41 种鸟类，如秃鹫 *Aegypius monachus*，以及白额雁 *Anser albifrons*、疣鼻天鹅 *Cygnus olor*、小天鹅 *Cygnus columbianus*、大天鹅 *Cygnus cygnus*、鸳鸯 *Aix galericulata*、角䴙䴘 *Podiceps auritus*、白枕鹤 *Grus vipio*、灰鹤 *Grus grus*、小杓鹬 *Numenius minutus*、小青脚鹬 *Tringa guttifer*、白琵鹭 *Platalea leucorodia*、鹗、黑翅鸢 *Elanus caeruleus*、凤头蜂鹰 *Pernis ptilorhynchus*、乌雕 *Clanga clanga*、松雀鹰 *Accipiter virgatus*、雀鹰 *Accipiter nisus*、苍鹰 *Accipiter gentilis*、白头鹞 *Circus aeruginosus*、白腹鹞 *Circus spilonotus*、白尾鹞 *Circus cyaneus*、鹊鹞 *Circus melanoleucos*、黑鸢 *Milvus migrans*、大鵟 *Buteo hemilasius*、普通鵟 *Buteo japonicus*、红角鸮 *Otus sunia*、雕鸮 *Bubo bubo*、纵纹腹小鸮 *Athene noctua*、长耳鸮 *Asio otus*、短耳鸮 *Asio flammeus*、红隼 *Falco tinnunculus*、红脚隼 *Falco amurensis*、燕隼 *Falco subbuteo*、游隼 *Falco peregrinus* 等，其中疣鼻天鹅、角鸊鷉等记录，既无标本照片，在野外调查时也未能观察到。

南四湖分布鸟类中，列入《国家保护的有益的或者有重要经济、科学研究价值的陆生野生动物名录》的有 222 种；列入《山东省重点保护野生动物名录》的有 38 种。列入《世界自然保护联盟濒危物种红色名录》（IUCN）的有 294 种，其中 LC 级的 270 种，NT 级的 12 种，EN 级的 3 种，VU 级的 8 种；列入 CITES 附录 I（8 种）、附录 II（29 种）、附录 III（8 种）的共计有 45 种。列入《中国与日本保护候鸟及其栖息环境协定》有 101 种；列入《中国与澳大利亚保护候鸟及其栖息环境协定》有 34 种（表 4.1）。

本次调查中，多次记录并拍到照片的震旦鸦雀，被列入《国际濒危动物红皮书》和国家林业局 2000 年 8 月 1 日发布的《国家保护的有益的或者有重要经济、科学研究价值的陆生野生动物名录》，数量不多，但在当地芦苇沼泽生境分布较广。

2. 南四湖地区鸟类保护行动

20 世纪后期以前，"鸭锅"曾经是南四湖地区一些村落、乡镇特有的冬季狩猎产业，生意非常兴隆。随着执法力度的加强，"爱鸟护鸟"教育宣传的广泛深入，群众性自觉观鸟、爱鸟、护鸟意识的提高，不仅使当地生意兴隆的"鸭锅"消失，而且打鸟、猎鸟、毒鸟的现象也基本消除。人们对伤病鸟类采取的是救助措施，特别是对国家级重点保护野生动物的保护和救助，当地报纸、电视节目均有报道，如 2011 年 1 月、2016 年 2 月，汶上县林业局先后救助的国家 I 级、II 级重点保护野生动物白尾海雕、秃鹫（赛道建，2017；赛道建等，2020），经过专业饲养人员的精心驯养，目前均已经康复（图 4.34）。这些鸟类今后如何生存、繁衍、扩大种群，还是放生野外，是有关单位需要加强研究、决策的重要课题。

图 4.34　救助驯养康复后的白尾海雕与秃鹫
张保元 20181225 拍摄于南阳湖农场动物园

2018 年 3 月 2 日，有群众在新薛河王庄村北的塑料大棚处捡到一只伤病的东方白鹳并报告有关部门；闻讯后，微山县林业局局长刘显保立即带领有关人员赶到现场，将东方白鹳救助到微山湖国家湿地公园喂养（图 4.35）。

　　受伤的东方白鹳在救助喂养期间，安装了遥感定位追踪仪，经过一段时间的康复饲养后放飞。经后期追踪调查，自由活动的东方白鹳在微山湖国家湿地公园多次巡飞，后继续向北沿迁徙路线到达吉林的查干湖一带活动，可能是错过了繁殖期的原因，它在繁殖地活动较短一段时间后，又开始向南迁徙。从轨迹线可以看出东方白鹳南北迁徙时，均路过南四湖省级自然保护区附近，鉴于此，期待它能携带"亲朋好友"再次光顾这里，不仅休息补充能量，还能够像黄河三角洲繁殖的东方白鹳种群那样长驻，与南四湖的人们亲密地和谐相处、"合影留念"！为珍稀鸟类迁徙规律的研究与迁徙停歇地生态环境的保护、修复提供有益的借鉴。

图 4.35　东方白鹳
刘显保 20180302 拍摄于新薛河救助现场

5 南四湖地区鸟类保护现状与问题

本次调查的重点是集中在本底资源调查方面，以便摸清、确证鸟类物种的分布现状，但缺少连续的物种数量动态性监测调查，这是以后监测工作需要关注和加强的！更需要关注不同生境类型中，鸟类群落结构变化与栖息地的景观生态环境变化的关系，即人类的社会、经济等活动的开展与生态环境的演化协调、持续发展的问题。以鸟类群落结构的变化为指标及时评估经济开发的广度、深度和景观的改观程度对南四湖生态环境的影响，促进湖区社会、经济、生态环境的和谐持续发展。

5.1 保 护 现 状

5.1.1 鸟类及其栖息地保护概况

自 2003 年建立了南四湖省级自然保护区以来，当地政府非常重视南四湖的生态环境保护，济宁市先后制订了《南四湖自然保护区管理办法》《南四湖省级自然保护区湿地生态损失补偿管理办法》，以便加大保护、管理力度，积极筹建、健全组织机构，不断增加经费投入，严格控制沿湖污染的排放，禁止在核心区捕捞作业等。收缴各种捕鸟工具，开展多种形式的宣传教育，筹建鸟类日常监测和疫情监测站，大力实施湿地保护恢复工程，水质及生态环境质量得到进一步改善，也为各种鸟类栖息、繁衍环境的改善创造良好条件。

本次调查中，在微山国家湿地公园及洸府河、老运河湿地、太白湖湿地公园，以及微山湖湖区内见到成群的山东省重点保护野生动物白鹭、大白鹭，在多处芦苇丛中拍摄到了震旦鸦雀；调查到了白尾海雕、秃鹫、东方白鹳、大天鹅、白额雁、鸳鸯、黑翅鸢、红隼等国家 I 级、II 级重点保护野生动物。

重点保护野生鸟类的分布说明，湿地绿化和植被覆盖率的提高，以及水质的不断改善，与鸟类种类和种群数量不同程度的提高呈正相关，湿地保护恢复工程的实施促进了南四湖省级自然保护区及附近地区生态环境的改善，使其成为鸟类的乐园。

5.1.2 不同生境类型鸟类保护

根据有关资料和本次南四湖及附近地区鸟类资源分布调查结果，在南四湖地区及省级自然保护区内，鸟类分布生态大体可划分为水域湖区、草本沼泽、河流湿地、平原耕作区、丘陵山地区和居民区等，不同生态环境中栖息着不同鸟类，优势种群也有明显差异。但是大多数鸟类都以湿地为栖息环境，在滨湖涝洼区湿地生存的鸟类是南四湖各种鸟类分布最集中的区域，鸟类种群密度大种类多，沿着湖边沼泽、苇丛、低山林带、河流、堤坝、沟塘，以及湖心大小不同岛屿而分布，多样的生境类型给鸟类提供了良好的生存繁殖隐蔽条件和觅食地。在丘陵山地、林地、农田、沟渠等人类活动频繁的生境类型，常见鸟类主要是林鸟。城市化程度较高乡镇因食物、环境结构单一，自然度较低，人为干扰大，鸟类种类较少，主要是伴人鸟类。

调查结果说明，保护好一定面积的不同类型、斑块镶嵌方式的生境是南四湖地区鸟类保护、维护生态环境平衡发展的基础，划定保护红线有助于促进湖区开发利用与自然生态环境保护的和谐持续发展，也是今后经济发展需要关注的重点。

1. 水域湖区的鸟类保护

南四湖水域主要包括湖区的航道区、禁渔区、捕鱼养殖区和入湖河流，以南四湖为中心的滨湖涝洼区，盛产鱼虾，水陆生植物繁茂，水源及食料丰富，莲、芦苇、芦竹等挺水植物分布广泛。阔水面区域广，环境幽静，为各种水鸟的繁衍生息提供了良好的栖息环境。

本次调查中，夏季：家燕、金腰燕、灰翅浮鸥、白额燕鸥等在水域上空频繁飞翔觅食，数量众多处于绝对的优势地位；冬季：鸭类主要有赤麻鸭、绿翅鸭、绿头鸭、斑嘴鸭、针尾鸭等，雁类主要有短嘴豆雁、鸿雁、斑头雁等；除绿头鸭、斑嘴鸭为留鸟外，大部分雁鸭类水鸟是冬候鸟，每年10月中旬至翌年4月中旬在本地居留。雁鸭类、鸥类、鹭类、鹮类等鸟类构成以游禽为主体、涉禽为辅的大面积水域的水鸟生态类群，特别是国家级保护鸟类，如鹗、白尾鹞、天鹅等多在此类生境中遇见。南四湖作为水禽类的主要栖息地，其生态环境的变化，特别是生境类型改观将直接影响水禽的生存，如围湖养鱼的网缯、网杆为捕食鱼类的鹭类涉禽、鸥类游禽提供了停息场所，但这些鸟类捕食鱼类也与渔民发生"利益冲突"，容易引起伤鸟行为，网具易成为雁鸭类起落飞翔障碍，成为自然保护区管理的困难。控制、限定养殖开发的无序扩张是保护好足够面积的多样自然水域生境的有效方法，也是保护鸟类的基本措施和前提，有助于维系湖区生态平衡持续发展。

2. 草本沼泽、河流湿地鸟类保护

南四湖地区沼泽湿地资源丰富，特别是较大面积的湖边河口沼泽湿地，主要包括沼泽草地、湿地林地和荷塘以及水田等湿地沼泽生境类型，其中沼泽草地约 10 000 hm²，是本地区许多水鸟生活的典型地域。

在本次调查期间，沼泽湿地常见的鹳形目有苍鹭、白鹭、大白鹭、黄斑苇鳽、大麻鳽等；鹃形目中常见的是大杜鹃、四声杜鹃；鸻形目常见的有黑翅长脚鹬、水雉、金眶鸻、白腰草鹬、矶鹬、林鹬和环颈鸻等；雁形目类常见的有绿头鸭、斑嘴鸭、赤膀鸭等；常见鹰形目有白尾鹞；常见的鹤形目有黑水鸡、白骨顶；雀形目鸟类常见的有东方大苇莺、棕头鸦雀、震旦鸦雀等。

沼泽湿地是南四湖地区鸟类物种多样性最丰富的区域，是鹭类、秧鸡类、鸻鹬类等涉禽和雁鸭类、鸥类游禽，以及鹃形目比较喜好的典型栖息与繁衍生息场所，对生态环境要求比较苛刻的水雉也在此类生境中栖息繁殖。加强沼泽湿地的保护力度，限制无序开发，保护足够大面积的沼泽草地、藕荷池塘、湖边林地，不仅有助于湖区水质的净化，抵御洪涝灾害，而且为各种鸟类提供良好的隐蔽栖息地。

3. 平原耕作区鸟类保护

南四湖地区的平原耕作区主要包括不同面积的旱田、农田林网、林带区，以及散落其间的居民点，其间分布较多的长短不一的河流、河沟、堤坝。林网、林带区规模基本形成，林木发育良好，阔叶树防护林、混交林及田间农作物为多种鸟类提供了栖息活动与隐蔽场所。

本次调查期间，以雀形目种类最多，有百灵科的云雀，鹡鸰科的水鹨、白鹡鸰，鸦科的灰喜鹊、喜鹊，山雀科的大山雀，燕雀科的燕雀，鹀科的灰头鹀、黄喉鹀等；其他目常见的鸟类有鸠鸽科的山斑鸠、珠颈斑鸠，戴胜科的戴胜，啄木鸟科的星头啄木鸟、大斑啄木鸟、灰头绿啄木鸟等。

在此生境类型中栖息生活的鸟类多为常见种，在种类和数量中占据优势，如喜鹊、灰喜鹊、麻雀和山斑鸠、珠颈斑鸠等，尚无需要特别的保护措施。

4. 丘陵山地区鸟类保护

丘陵山地区以湖边的鲁山为主要调查点，包括坡地旱田区、林地区、居民点等，南四湖地区林木多集中分布于山丘的中上部，有助于水分的涵养，植被类型以常绿针叶林和农作物为主，间有较多水塘、塘坝，山丘混交林面积约有 2800 hm²；济宁市峄山等周边丘陵山地则依靠观鸟爱好者、鸟类摄影爱好者提供照片作为调查依据。此生境多为旅鸟、猛禽迁徙过程中的重要停息觅食活动地，是丘陵山地森林鸟类的繁衍栖息场所。

丘陵山地鸟类主要有：猛禽类鹗、鹰、隼、鹞等；攀禽类有3种啄木鸟；鸣禽类有吃害虫及浆果种子的喜鹊、灰喜鹊、大山雀、金翅雀、蜡嘴雀等，以及常见的柳莺类、鹀类等。

　　山东省第一次全省鸟类普查期间（1982～1985 年），在丘陵山地区采集到多种猛禽（济宁市林木保护站，1985）；本次调查期间，因为该生境类型调查次数少，有些种类未能拍到照片，有些文献记录种类也未能观察到。国家 I 级、II 级重点保护野生鸟类，在迁徙期间调查也难得一见，说明其种群数量稀少。在山地环境改善的情况下，需要加强监测性研究，探讨有利保护措施加强珍稀鸟类的保护；需要提升山区群众的环保意识，加强与外界的联系，让更多的爱鸟护鸟人员积极参与鸟类保护等活动中来，与专业调查有机结合，持续开展鸟类保护，发挥鸟类在维持山区林、农生态平衡中的作用。

5.1.3　广泛开展科普宣传教育

　　群众性环境保护意识的大幅度提高，既与相关职能部门深入广泛地宣传教育有关（图 5.1），也与专家和群众的积极参与有关（图 5.2）。

图 5.1　爱鸟周宣传活动与广告宣传栏

图 5.2　北京林业大学丁长青教授在济宁青头潜鸭保护研讨会做报告及相关宣传活动

　　全民参与环境保护将促进经济社会发展与生态环境变化关系的监测，用数据评估人类活动对自然环境变化的影响，预测变化趋势，有助于经济社会与生态平衡协调发展相关政策的制定。为此，有关部门与当地群众团体开展了多种形式的宣传教育活动，如持续开展爱鸟周宣传活动，在重点区域布设宣传栏，举办南四湖鸟类摄影大赛，组织观鸟爱好者进行专题讲座和观鸟比赛等活动（图 5.3），有力地推动了南四湖地区鸟类与生态环境保护全民参与工作的深入开展。

图 5.3　2019"守护青头潜鸭"济宁观鸟节开幕式及比赛现场

5.2 存在的主要问题

目前,虽然经过多年的执法与宣传教育,乱捕、乱猎现象已基本得到控制,但在南四湖湿地鸟类生态系统保护工作中,仍有其他问题需要解决。

5.2.1 保护标准不一致

南四湖流域涉及山东、江苏、安徽和河南四省的不同市(县、区)。由于行政区划不同,南四湖周边不同区域保护标准存在差异,造成湖区保护难以统一标准形成合力,影响了湖区鸟类保护的成效。

5.2.2 不良极端气候及周边生态环境

湖水资源年度和季节分布不均衡,导致湖区水位变化大,甚至会出现"湖底裸露"干枯的现象,如 2012 年 5~6 月,微山县发生旱情,据水文部门测定南四湖水位下降了 10 cm,原本在水中生长的许多藻类灭亡,荷花池内池底的地面有的也裸露出来。

随山洪和引水工程经湖东、湖西河道带来大量泥沙,导致湖内泥沙淤积,再加上过去围湖造田、养殖的延期效应和经济开发建设的影响,在有些地方湖泊沼泽退化日趋严重。

自然和人为的干扰造成南四湖自然生态环境变化,不利于多样化生境的形成、水生生物的自然增殖和鸟类繁殖,从而影响鸟类的生存、繁衍。

5.2.3 人类经济活动

湖区周边池塘的开挖,破坏了湖岸线的自然状态,减少了浅水区涉禽的取食区域;航道的开通,水运、渔业养殖及旅游业的发展,使湖区人类活动越来越频繁,对湖区鸟类的影响增大。目前,在湖区开发建设的同时,并没有进行鸟类等生物多样性变化和生态环境因素变化的同步监测,因而缺乏进行科学评估的数据依据,对于这些影响的描述,基本上是停留在定性说明上。在信息化发达的时代,需要有大量系统而翔实的数据,进行大数据的定量分析,探讨针对性强、可操作性强的措施和方法,及时发现问题、解决问题,建立湖区科学、合理且适度开发的人类经济活动模型,保证南四湖能长期处于平衡、持续发展的状态。

因此,保护、完善湖区湿地生态系统,为更多的鸟类在湖区,特别是在保护区栖息、生存提供更为优越的环境,同时,加大科技力量的培养力度,加强保护区的日常生物多样性监测工作,用真实的数据评估经济发展与湖区生态环境变化的影响和相关性,避免经济发展对生态环境造成难以修复的影响,采取科学措施保护南四湖湿地生态系统的平衡发展,促进经济社会与自然环境的平衡发展,已是摆在人类面前一件刻不容缓的事情。

5.2.4 执法力度有待加强

21 世纪以前,在南四湖地区许多鸟类特别是雁鸭类,由于个体大、肉质优且味鲜美,被人们认为是可以直接利用的产业鸟类,是"适合发展狩猎业"的鸟类。鸟类狩猎曾是湖区冬闲季节的传统产业,20 世纪 80 年代前,在湖区"鸭锅"是很常见而兴旺的产业,雁鸭类狩猎活动可从 9~10 月持续到翌年 3~4 月。由于长期受"狩猎经济"模式和湖区"运河鸭锅"传统文化的影响,在没有设立专门鸟类保护机构的情况下,当地有些居民利用毒饵、绳套、渔网等手段非法捕猎越冬雁鸭类(图 5.4),乱捕、乱猎的现象时有发生(杨月伟,2001)。捕猎鸟类的买卖和宾馆酒店的"全鸭宴"则助长了非法捕猎行为(刘文,2011),由于过度捕猎等原因,致使该时期,雁鸭类的数量下降幅度高达 75%。

图 5.4　非法捕猎越冬雁鸭类
a. 赤膀鸭；b. 斑头秋沙鸭；c. 白骨顶；d. 鹊鸭

　　进入 21 世纪，据刘文（2011）在《山东微山湖偷猎水鸟状况调查及宣传保护》（见 WWF 中国野生动植物保护小额基金项目成果集——鸟类分册，2011 年 7 月）报道，当地百姓尚未完全摒弃乱捕乱猎野生动物的风俗，虽经历次打击、教育，仍存在偷猎、毒杀鸟类的不良现象。被毒杀的雁鸭类水鸟主要有花脸鸭、绿头鸭、斑嘴鸭、琵嘴鸭、赤膀鸭，还有斑头秋沙鸭等国家 II 级重点保护野生动物，此外还有秧鸡类的水鸟有白骨顶等，这说明当地曾存在较严重的毒杀鸟类的情况。为进一步做好鸟类保护工作，当地政府需要持续加强鸟类保护宣传，全面而广泛提高群众的鸟类保护意识。森林公安、湖区管理工作人员应进一步加强执法力度，对违法捕猎行为依法处理并在冬季捕猎高峰期增加巡视次数，提倡群众性监督、举报，严厉打击偷捕偷猎的不法分子，使群众性爱鸟护鸟行动蔚然成风（图 5.5）。保证鸟类正常繁衍生息，促进种群的恢复、壮大，与南四湖地区的观鸟、拍鸟和生态旅游有机结合，充分发挥鸟类在维护湖区生态平衡和促进经济社会发展中的作用。随着发展理念的转变，环保意识的增强，近年来，当地政府在这方面也做了大量卓有成效的工作，本次调查期间，再未发现上述毒杀鸟类现象。

图 5.5　鹛鸮
刘兆普 20130125 拍摄于嘉祥县曾庙

6 南四湖地区生态环境的保护发展对策与措施

南北狭长的南四湖湿地不仅为各种繁殖鸟类、越冬鸟类提供了良好的繁衍栖息环境，而且是许多迁徙过境鸟类的必经之地，南四湖作为国家南水北调东线工程重要通道和调蓄库，其生态环境效益、经济效益、社会效益也是难以估量的，因此，保护好南四湖的自然生境、景观类型和生物多样性，治理水体污染，为多种鸟类提供适宜的生存环境，对维护地区生态平衡，保障南水北调东线工程水质安全，促进经济社会可持续发展意义重大。

6.1 大力发展生态旅游

山东荣成天鹅湖湿地公园的大天鹅观光旅游实践证明，创造适宜的生态环境，会吸引更多鸟类栖息，不仅有助于保护鸟类、宣传教育和游览观赏，而且有利于促进当地社会绿色经济的持续发展。

借鉴此经验，南四湖地区，一方面可充分利用原有的鸬鹚捕猎习惯，开发"鱼鹰捕鱼"观光旅游表演，以此为亮点，大力发展湖区生态旅游，提高湖区群众收入水平，推动从事养殖、捕捞业群众的转产转业，促进湖区生态环境的保护工作，为湖区鸟类的繁衍栖息创造更加适宜的生态环境。

6.2 加强环境与鸟类生物多样性保护监测

湿地科学科研能力薄弱将制约南四湖生态环境保护的管理、运营与发展，当地相关部门需要引进高素质的专业人才，加强科学研究，提升自身研究水平；需要积极培训各类人员，如决策人员、基层管理和监测人员的科学素质，有助于全面提升区域管理、发展水平。按照全国生物多样性监测规范的统一要求，制定符合本地区特色的地方技术规范，以便用于技术人员日常工作具体操作。

将不定期的专业调查调整为以南四湖自然保护区技术人员为主体，结合当地志愿者经常进行的生物多样性监测工作，做到专业调查与群众广泛参与相结合。大众性环境保护资料数据的采集，不仅能避免遗漏群众手中的大量真实信息，而且摄影爱好者的鸟类照片信息与专业调查数据一起构成鸟类监测的基础数据，使鸟类分布区系调查数据信息更加全面，同时还增加了大量的照片作为直接证据，提高了结论的可信度与科学性。利用长期积累的数据评估不同生境类型中的鸟类群落结构变化，将鸟类群落演替科学指标与景观改观、开发力度等环境因素结合起来，科学分析经济开发与环境保护、生物多样性保护指标间的动态关系，为湖区保护与发展政策的制定提供数据支撑。

6.3 统筹经济开发与景观生境类型构建

南四湖湿地具有良好的生态环境效益、社会效益和经济效益，过去曾片面追求经济效益，无序水产养殖，使湖区的自然生境受到了破坏，湖水遭受污染，致使鱼类、鸟类减少，甚至影响到当地群众的身体健康。

实践告诉我们，片面追求经济效益而忽视生态环境效益，将产生竭泽而渔的效果，影响湖区经济、社会和生态的和谐发展。应遵循坚持绿水青山就是金山银山的发展理念，优先保护生态环境，规划好南四湖生态环境保护底线，明确鸟类生态功能区，严格监测企业污水按标准排放，处理好经济发展与南四湖景观生境类型的保护与建设，确定各生境类型必须保持的面积大小、数量比例，统筹规划，合理布局，既有助于农渔生产，又有利于环境保护，实现保护与发展相协调。

7 南四湖地区鸟类资源调查中的其他脊椎动物

南四湖地区鸟类资源调查期间，除了观察记录鸟类外，有关人员会不定时地遇到其他种类的动物，随机用相机记录到的脊椎动物有以下种类。

7.1 鱼 类

南四湖湿地生态系统孕育了丰富的鱼类资源，种类丰富，除养殖区水域外基本上属于自然种群结构（微山县林业局，2012）。渔民捕获到的鱼类（图 7.1）有鲤鱼 *Cyprinus carpio*、鳜鱼 *Siniperca chuatsi*、翘嘴红鲌 *Culter erythropterus* 等，捕获量以鲤鱼最大，其次是鳜鱼。

图 7.1 渔民刚捕获上岸的鱼类

赛道建 20151207 拍摄于渔码头

7.2 两 栖 类

南四湖地区鸟类资源调查期间，春、夏、秋季在湿地生境遇到两栖类有黑斑侧褶蛙 *Pelophylax nigromaculatus*（图 7.2）、中华蟾蜍 *Bufo gargarizans*（图 7.3）。

图 7.2 黑斑侧褶蛙

张月侠 20170401 拍摄于微山县欢城下辛庄

图 7.3 中华蟾蜍

张月侠 20181006 拍摄于昭阳湿地

7.3 爬 行 类

南四湖地区鸟类资源调查期间，很少遇到活的爬行动物，只见到因"车祸"死亡的赤链蛇 *Dinodom rufozonatum*（图 7.4）。

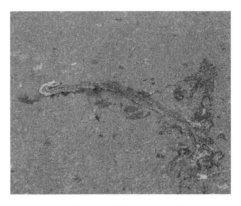

图 7.4　穿越公路遭遇"车祸"的赤链蛇
赛道建 20170612 拍摄于惠河

7.4 哺 乳 类

南四湖地区鸟类资源调查期间，遇到的哺乳动物有黄鼬 *Mustela sibirica*（图 7.5）、刺猬 *Erinaceus europaeus*（图 7.6）、蒙古兔 *Lepus tolai*（图 7.7）等，主要遇见于河、湖边缘林地及草地。特别是刺猬，虽属夜行性动物，但多次于道路边见到尸体，证明该类动物在南四湖地区数量多且分布广泛。

图 7.5　正在活动觅食的黄鼬
赛道建 20171215 拍摄于太白湖湿地公园

图 7.6　遭遇"车祸"的刺猬
赛道建 20161001 拍摄于鱼台县惠河河口附近

图 7.7　湿地杂草丛中的蒙古兔
董宪法 20190715 拍摄于太白湖湿地公园

参 考 文 献

冯质鲁, 王友振, 高祖岭, 等. 1996. 山东南四湖雁形目鸟类越冬数量调查. 野生动物, (1): 15-17.

国家林业局, 等. 2000. 中国湿地保护行动计划. 北京, 中国林业出版社.

国家林业局调查规划设计院, 山东省济宁市林业局, 济宁市南四湖自然保护区管理局. 2005 山东南四湖省级自然保护区总体规划(修编). (内部资料)

韩云池, 冯质鲁, 王友振, 等. 1985. 南四湖雁形目鸟类越冬数量调查. 山东林业科技, 25(1): 37-39.

侯端环. 1990. 普通燕鸻生活及繁殖习性的观察. 山东林业科技, 20(1): 11.

黄浙, 柏玉昆, 纪加义, 等. 1960. 山东省南四湖鸭科鸟类的初步报告. 山东大学学报(理学版), (4): 1-11.

济宁市科学技术委员会. 1987. 南四湖自然资源调查及开发利用研究. 济南: 山东科学技术出版社.

济宁市林木保护站. 1985. 济宁市鸟类调查研究. (内部资料)

纪加义, 柏玉昆. 1985a. 山东省鸟类区系名录. 山东农业科学, (1): 52-54.

纪加义, 柏玉昆. 1985b. 山东省鸟类区系名录. 山东农业科学, (2): 46-47.

纪加义, 柏玉昆. 1985c. 山东省鸟类区系名录. 山东农业科学, (3): 51-55.

纪加义, 柏玉昆. 1985d. 山东鸟类区系调查. 自然资源研究, (2): 52-64.

纪加义, 田逢俊, 侯端环, 等. 1986. 山东及济宁鸟类新纪录. 山东林业科技, (1): 51-52.

纪加义, 于新建. 1990. 鹳类、鹤类在山东省的分布与数量. 动物学研究, 11(1): 46.

纪加义, 于新建, 姜广源, 等. 1987a. 山东省鸟类调查名录. 山东林业科技, (1): 32-36.

纪加义, 于新建, 姜广源, 等. 1987b. 山东省鸟类调查名录. 山东林业科技, (2): 60-64.

纪加义, 于新建, 姜广源, 等. 1987c. 山东省鸟类调查名录. 山东林业科技, (3): 19-23.

纪加义, 于新建, 姜广源, 等. 1987d. 山东省鸟类调查名录. 山东林业科技, (4): 60-64.

纪加义, 于新建, 姜广源, 等. 1988a. 山东省鸟类调查名录. 山东林业科技, (1): 49-53.

纪加义, 于新建, 姜广源, 等. 1988b. 山东省鸟类调查名录. 山东林业科技, (2): 68-70.

纪加义, 于新建, 姜广源, 等. 1988c. 山东省鸟类调查名录. 山东林业科技, (3): 46-48.

纪加义, 于新建, 姜广源, 等. 1988d. 山东省鸟类调查名录. 山东林业科技, (4): 65-67.

纪加义, 于新建, 张树舜. 1987e. 山东省珍稀野生动物调查研究. 山东林业科技, (1): 22-31.

李久恩. 2012. 微山湖鸟类群落多样性及其影响因子. 曲阜: 曲阜师范大学硕士学位论文.

李久恩, 杨月伟. 2012. 微山湖喜鹊和池鹭巢址选择的研究. 山东林业科技, (2): 64-66.

李瑞胜, 张建民, 范振祥. 2001. 曲阜"三孔"鸟类资源的价值和对策. 特种经济动植物 4(4): 16

刘路平. 2017. 山东省鸟类物种丰富度的地理格局及其与环境因子的关系. 济南: 山东师范大学硕士学位论文.

刘文. 2011. 山东微山湖偷猎水鸟状况调查及宣传保护(WWF 中国野生动植物保护小额基金项目成果集——鸟类分册, 2011 年 7 月)(内部资料)

赛道建. 2017. 山东鸟类志. 北京: 科学出版社.

赛道建, 孙玉刚. 2013. 山东鸟类分布名录. 北京: 科学出版社.

赛道建, 张月侠, 吕艳. 2020. 南四湖地区鸟类图鉴. 北京: 科学出版社.

山东省地方史志编纂委员会. 1998. 山东省志. 生物志. 济南: 山东人民出版社.

山东省地方史志编纂委员会. 2015. 山东省志. 国土资源志. 济南: 山东人民出版社.

山东省林业监测规划院. 2003. 山东济宁南四湖省级自然保护区综合科学考察报告: 山东省南四湖自然保护区动物名录. (内部资料)

山东省林业监测规划院. 2007. 山东南四湖滨湖湿地保护与栖息地恢复可行性研究报告(评审稿). (内部资料)

山东省林业监测规划院. 2011. 山东微山湖国家湿地公园总体规划. (内部资料)

宋印刚, 田逢俊, 孔晓棠, 等. 1998. 南四湖湿地春季鸟类及群落结构研究. 林业科技通讯, (9): 17-19.

孙启爽. 1986. 南四湖水体污染及综合防治对策研究. (内部资料)

孙玉刚. 2015. 中国湿地资源. 山东卷. 北京: 中国林业出版社.

田逢俊, 宋印刚, 郝树林, 等. 1991. 大杜鹃在南四湖生态习性观察. 山东林业科技, (1): 9-11.

田逢俊, 宋印刚, 刘瑞华, 等. 1993a. 山鹡鸰生态习性的研究. 山东林业科技, (1): 62-65.

田逢俊, 宋印刚, 刘瑞华, 等. 1993b. 保护南四湖湿地生态系统 // 山东动物学研究论文集. 济南: 山东大学出版社, 72-76.

田凤翰, 李荣光. 1957. 济南及其附近的鸟类初步调查. 教与学, (2): 33-39.

王友振, 郝树梅, 冯质鲁, 等. 1997. 池鹭在南四湖区习性观察. 山东林业科技, (4): 34-35.

微山县林业局. 2012. 微山县湿地资源普查报告. (内部资料)

徐敬明. 2003. 山东沂河流域鸟类的生态调查. 山东林业科技, (1): 27-28.

闫理钦, 王金秀, 田逢俊, 等. 1999. 南四湖湿地生态系统与水禽分布调查报告. 山东林业科技, (1): 39-41.

杨月伟. 2001. 山东省候鸟资源的保护和利用①. 曲阜师范大学学报(自然科学版), 27 (2): 84-86.

杨月伟, 李久恩. 2012. 微山湖鸟类多样性特征及其影响因子. 生态学报, 32(24): 7913-7924.

杨月伟, 张培玉, 张承德. 1999. 曲阜孔林春季鸟类群落生态的初步研究. 曲阜师范大学学报(自然科学版), 25(4): 82-84.

张立勋. 2011. 我国雉鸡表型多态性与分子生态遗传学研究. 兰州: 兰州大学博士学位论文.

张培玉. 2000. 曲阜孔林鸟类资源特点及保护对策. 国土与自然资源研究, (1): 78-80.

张荣祖. 1999. 中国动物地理. 北京: 科学出版社.

张月侠, 赛道建, 孙玉刚, 等. 2015. 山东水鸟区系分布的初步研究. 天津师范大学学报(自然科学版), 35 (3): 141-144.

赵延茂, 宋朝枢. 1995. 黄河三角洲自然保护区科学考察集. 北京: 中国林业出版社.

赵正阶. 2001. 中国鸟类志(上、下卷). 长春: 吉林科学技术出版社.

郑光美. 2005. 中国鸟类分类与分布名录. 北京: 科学出版社.

郑光美. 2011. 中国鸟类分类与分布名录. 2 版. 北京: 科学出版社.

郑光美. 2017. 中国鸟类分类与分布名录. 3 版. 北京: 科学出版社.

郑作新. 1955. 燕鸻: 蝗虫的天敌. 生物学通报, (5): 10-11.

郑作新. 1976. 中国鸟类分布名录. 2 版. 北京: 科学出版社.

郑作新. 1987. 中国鸟类区系纲要(英文版). 北京: 科学出版社.

郑作新. 2000. 中国鸟类种和亚种分类名录大全(英文版). 北京: 科学出版社.

郑作新. 2002. 中国鸟类系统检索. 3 版. 北京: 科学出版社.

郑作新, 等. 1979. 中国动物志 鸟纲 第二卷 雁目. 北京: 科学出版社.

朱曦, 姜海良, 吕燕春. 2008. 华东鸟类物种和亚种分类名录与分布. 北京: 科学出版社.

---

① 原文章名为山东省侯鸟资源的保护和利用, 因其中有错字, 所以本书修改为山东省候鸟资源的保护和利用。